經營顧問叢書 ㉓⑧

總經理如何熟悉財務控制

丁元恒　編著

憲業企管顧問有限公司　發行

《總經理如何熟悉財務控制》

序　言

企業的經營管理是一個複雜的過程，有許多瑣細的環節，其中牽一髮而動全身的就是財務管理。企業生財有道，還需理財有方。財務作爲現代企業中最重要的部門主管之一，他在企業決策層中佔有重要的地位。企業經營過程中充滿了挑戰與風險，如何充分利用現有資源，進行協調與聯動，成了當今企業管理者必須思考的問題。

從企業的角度來看，沒有資金積累就沒有發展的動力。企業發展不能產生資金積累，企業就無法持續長久。企業經營的目的是實現贏利，經營循環的結果是回收到增值的現金，企業的日常經營必須保證有充足的現金資產。如何通過合理的現金管理、資產管理、應收賬款管理等手段來促使生產經營安全順暢地循環，並回收到增值的現金，是財務管理的核心內容。

令許多經營者頭痛的是：企業規模擴大了，利潤卻減少了；銷售額上去了，成本卻失控了。企業的規模成長與利潤的增加，往往不能同步；更有甚者，企業成功跨越了創業的危險期之後，再向前邁出一步，竟是無底的深淵，在公眾的目瞪口呆中，崩塌於一夜之間，而倒閉的原因又驚人的相似：資金鏈斷裂！令人歎息！

許多企業，往往只注重經營風險，忽視財務風險。我們特別要提醒的是：無論是資金鏈斷裂導致的猝死，還是在追求規模的過程中深陷泥潭，追根溯源，最爲致命的，都是源於企業財務風險防範和現金流管理的失敗。

企業小容易失敗，難以抗衡競爭；爲什麼企業大了，反而倒下去更快了？其實企業利潤的獲得並非需要那麼辛苦，只要關注某些關鍵步驟。遺憾的是，多數企業人士並沒有認識到這個道理，因此每天都有大大小小的公司在倒閉。

本書《總經理如何熟悉財務控制》是針對總經理而撰寫，對財務管理數據的介紹，易於理解，它以其獨特的視角，通俗易懂、深入淺出的語言，把原本艱深晦澀的財務管理知識輕鬆講解，讓讀者在翻看真實企業的有趣故事的過程中，瞭解財務管理的奧妙，不知不覺掌握並深深理解。

本書是企業管理經驗的總結，將企業的戰略管理和財務管理結合起來，提出了系統化的管理策略與方法，能夠推動企業整體效益的提升。

這本書使財務概念不再神秘。它是財務與影響利潤的藝術之間的完美組合。你將在閱讀本書的過程中發現無窮的樂趣。同時，該書的寫作風格清晰明瞭，引人入勝，使每個人都能很容易地理解財務管理的作用。特別適合企業的高層管理者、非財務部門的員工、所有對財務感興趣，又苦於找不到合適教材的人閱讀。

《總經理如何熟悉財務控制》

目　錄

第 1 章

財務管理與企業經營

一、經營如何達到贏利

作爲一位企業的經營者，問你:「經營企業的目的是什麼？」是爲了生活？爲了名聲？爲了傳承給後人？爲了追求大企業的氣派？爲了在行業內的排名？還是爲實現贏利？

遇到這樣的問題，你怎樣回答呢？爲了企業更好的發展，確定怎樣的經營目的才是最好的呢？怎樣才能實現你的經營目的呢？

第一個故事發生在美國。在美國資本市場上，企業之間的併購買賣是非常普遍的事情，每天都有很多的企業在忙著推銷自己或者兼併別的企業。一般而言。國外的企業家看中合意的掛牌企業時會問這樣一個問題：這家企業是由誰在經營？如果這家企業的經營者是中國人，他就會失去興趣，繼續尋找下家；如果經營者是猶太人，那麼就會與經營者談一談，並且很可能達成協定。

這位企業家說，因為中國人在經營企業的時候，往往是在企業經營狀況不佳、發展前景不太理想，兒女也不願意接手經營管理時，才會想到出售。對於這種企業，購買後很難取得理想的經營效果。但是，猶太人正好相反。他們往往選擇在企業成長前景較好的時候，也就是在企業處於快速成長期的時候出售。購買這種企業後往往有很大的發展空間，能夠取得很好的經營效益和投資效益。而原投資者不僅獲得了企業現存的價值，也出售了預期的價值，因此選擇出售也會取得很好的回報。

經營企業要追求理想，但是最主要的目的是爲了贏利，爲了追求利潤最大化。那麼，我們該如何做才能更好地實現這個目的呢？

在今天供大於求的市場態勢下，有些企業爲了生存不得不犧牲利益降價促銷。無利潤經營不但會降低客戶忠誠度，更會使行銷成本居高不下，造成企業現金流不暢。有經濟學者提倡：「企業要從精細化的終端管理，逐步走向精益化的企業經營。」因此，企業只有實施精益化經營，並做好企業經營中各個細節的管理，才能擴大經營規模、提升利潤水準。

但是，並不是所有的企業都有能力去追求大規模經營。而且，從上面的論述我們也應該知道，簡單的擴大規模只是一種粗放式的經營，並不一定會增加利潤或者提高利潤率。

二、企業經營循環的奧秘

(一)企業的經營過程

從總體上來說，企業的經營可以簡單地概括爲從「資金」

到「更多的資金」的一個過程，即：

現金→資產→現金(增值)

但是，簡單的現金是不可能帶來更多的現金的。企業要實現贏利，就必須先將現金轉換爲各種各樣的資產，即先進行投資，再通過一個生產經營過程實現資本的增值，這樣得到最後的結果，即實現贏利，得到更多的現金。如圖 1-1 所示：

圖 1-1　企業的經營過程

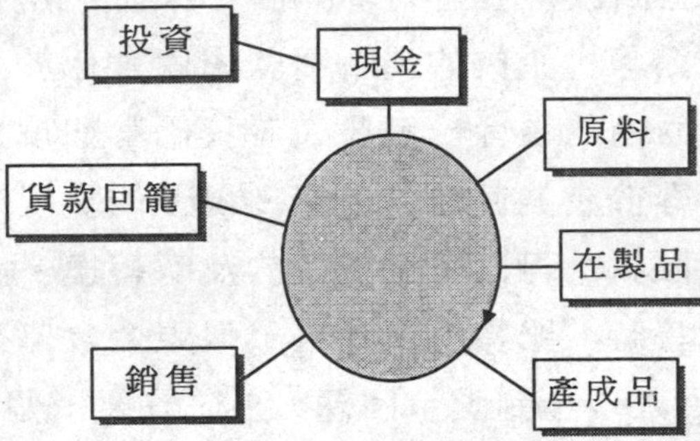

一般來說，我們假設一家企業新成立，投資者和債權人籌得資金，投入企業的初始資產大多數是現金。當我們沒有進行投資的時候，這個現金叫庫存現金；而當現金投入到企業裏面去參加循環時，它就變成了資本，可以表現爲固定資產，也可以表現爲流動資產。

以圖 1-1 爲例，可以清楚地說明一個企業經營的全過程。當我們通過投資把現金投入到企業以後，它便參與了企業的一個經營循環。一般來說，企業首先會用投資者和債權人投入的現金去購買原材料、機器設備，聘請生產經營人員和管理人員等。原材料經過加工處理以後就會變成在製品，然後再經過各道生產工序，最後變成產成品。當商品生產出來後，即原材料變爲產成品後，並不代表資本的增值就實現了。要實現增值，就必須將產成品投入銷售環節。通過銷售，客戶與企業之間實現了交換，交換得來的現金叫銷售回籠或資金回籠。回籠了現金以後我們才能參加下一次的循環。這就是一次現金變成資產，又變成更多現金的企業經營活動的全過程。

從圖 1-1 中可以看出，銷售商品的政策如何確定直接影響現金回收率的大小。如果企業銷售商品的行銷策略採用現款發貨，企業的現金回款率會達到 100%；如果企業銷售商品的行銷策略採用欠款銷售，企業的現金回款率就會低於 100%。

這個最終回籠的現金一定要大於我們當初投入的現金。企業的利潤並不等於企業回籠的現金。現金的實現要經過從現金至存貨、應收賬款，再回覆至現金的及時轉換。企業的銷售策略採用欠款銷售時，雖實現了利潤，但現金會停留在應收賬款中。所以，從投入現金到資金回籠，往往需要一個較長的時期，這裏就涉及資金的時間價值問題。

(二)企業經營的五大奧祕

這個過程，即從現金到資產再最後變成現金的過程，實際就是企業的一個經營循環，它對企業的持續經營和贏利實現非常重要。那麼，我們如何看待這個循環？我們要達到那些目的？這個循環是不是有什麼要求？

我們來瞭解一下這個循環的奧秘所在，也就是企業的順利經營和良好發展的奧秘所在。

1.經營循環的安全

企業循環的安全表現在兩個方面：

一是企業生存環境的風險。高風險的企業經營環境，投資報酬率可能很高，但投資者認為高的回報難以彌補高風險，所以往往會放棄這個回報的要求。

二是企業經營循環的安全。我們都知道，在市場經濟中，企業的經營風險無處不在。那麼，我們所說的經營風險具體表現在那裏呢？它就表現在企業的經營循環斷了，企業的日常經營過程有可能無法完成。

那麼，是在那裏斷開了？是沒有原材料，還是產成品賣不出去，抑或是應收賬款、銷售貨款收不回來？只要其中的一個環節出問題，都會使經營循環過程被迫中斷，無法實現從現金到資產再到現金的循環。

另外還有一種情況，就是雖然產品從生產到銷售都完成了，但是，最後銷售回籠的現金卻無法完全補償你的支出。比如，你投入了 100 萬元現金，用於購買生產資料、進行日常生產經營，但是因為各種因素，最後產品出售後只回收了 80 萬元現金，損失了 20 萬元現金。

這就是循環的安全性問題。那麼，這個安全性體現在那些方面呢？首先，它體現為企業的經營循環能夠順利完成，就是說從現金到資產到現金這樣的一個循環能夠兜得回來；其次，還體現為這個循環的結果應該至少與投入資金等量。如果循環斷掉，安全性沒有了，那麼不僅你的贏利目標達不到，甚至可能連本金和原始投資都收不回來。

2. 經營循環的增值

投資企業、經營企業的動力，就在於通過投資和經營能帶來利潤，即實現增值。如果企業投入了 100 元現金，最後只收回了 100 元，就表明我們的投資連資金的時間價值都沒有收回，更沒有產生增值。而沒有增值，作爲理性的經濟人，就失去了投資的意願和需求，最終我們無法將企業經營下去。

因此，企業的增值涉及的要素不僅是本金部份，還有高於本金之上的增值部份。企業投資人的資金如果不投資企業，而是存入銀行、購買國債，就會有最低的收益率，我們設定爲 4%(假設按銀行年存款率)。如果投資企業，就會產生風險，於是投資者就希望有一個風險補償金。假設風險補償金是 5%，再加上收益報酬率 5%，就構成了：總投資報酬率＝最低收益率＋風險彌補率＋投資報酬率。按照我們的假設定義率來計算，總的投資報酬率爲 14%。

最低收益率加風險彌補率只是投資的成本，投資報酬率才是企業的回報。現實中的一些企業年平均投資回報低於 9%，就是低於了資金成本，長此下去就會損失企業資本金。

企業投資的增值程度又和投資者的預期渴望有關。我們做過一個測試，在傳統行業裏，日本企業投資者認爲最長的投資回報期限可以達到 5 年左右。這與投資者的渴望度較高，資金增值的作用力比較大有關。

3. 經營循環的順暢

循環順暢，實際就是要求企業的生產經營合理有序地進行，要求生產經營的整個循環在合理的時間內完成，要求不論是資金籌集、原材料供應，還是產品生產、產品銷售、資金回籠，都要在規定時間內按質按量完成。一旦某個環節出現停滯，比如原材料供應不足、產成品滯銷、應收賬款回收困難等，都會影響循環的完成，影響企業經營的效果。

在實際經營中，存在一種偏失，認爲生產經營鏈越長，企業的贏利點就越多，對企業贏利水準的提高就越有利。比如說，一個企業從事服裝生產，它可能就想再介入服裝的批發零售，或者介入上游原材料如布料的生產。但是，我們應該看到，雖然生產鏈越長，贏利點就越多，可是並不一定就能帶來更多的利潤。因爲循環拉長了，企業完成一個經營循環所需的時間和資金越來越多，循環中可能遇到的影響因素也就越多，循環的順暢性就越難保證，從而導致一個循環下來所實現的贏利和得到的增值現金就不盡如人意了。

4.經營循環的速度

循環的速度，也可以說是循環的效率或資金週轉速度。它有兩種表達方式：一是，一定時期內(比如說一年內)整個循環過程進行了幾次；二是，實現一個完整的循環過程需要多長時間。

循環速度的快慢，對企業贏利水準的影響非常大。在毛利率相同的情況下，資金週轉速度越快，贏利水準越高。舉例來說，有兩個企業，投資規模都是 100 萬元，毛利率均爲 20%，在一年的時間內，一個企業的經營循環過程完成了一次，則其實現的毛利爲 20 萬元；而另一個企業經營循環的過程完成了兩次，在不考慮利潤再投資的情況下，其實現的毛利爲 40 萬元。很明顯，後者的贏利水準遠遠高於前者，企業經營循環的速度與企業的贏利水準是一個正相關的關係。

當然，也並不是說經營循環的速度越快的企業，其利潤就一定越高，企業的贏利水準還要考慮其規模與毛利率的影響。比如一家生產大型電力變壓器的企業，從訂單下來進行生產到最後資金收回可能要兩年的時間，而居民區的一家小超市也許只要兩週。那麼，是不是我們就不能投資變壓器廠而只能投資超市了呢？當然不是這樣的。雖然超市的循環過程時間短、速度快，可是變壓器的毛利率可能大大高於經營超市，而且兩者的投資規模也不可比。500 萬元一年內週轉一次、毛利率 30%，與 5 萬元一年內週轉 6 次、毛利率 10%相比，很明顯，還是前者賺錢。

因此，在實際經營中，關鍵是要注意循環速度和投資規模、利潤水準等的平衡問題，也就是說，你期望的資金週轉速度應該與企業的總體規模和利潤率相匹配。在整個循環過程中，速度的快慢可以體現在很多方面，比如存貨週轉率、應收賬款回收等。因此，可以通過多個途徑來提高企業經營循環的速度，提高資金週轉的效率，從而提高企業的贏利水準。

5. 經營循環的變現

對一個企業來說，現金資產的流動性最強。爲了滿足日常經營的需要，一個企業必須要有足夠的現金資產，以應對各種各樣的經營需求與變動。現金從何而來，一個重要的來源是初始投資。可是我們也知道，一般來說，作爲初始投資而投入企業的現金主要用於購買各種生產資料和設備了，只有很少一部份用於維持日常經營。因此，如果企業持續經營，就必須另外尋找現金資產的來源。而經營利潤的變現就是滿足企業日常經營現金需求的最穩定、成本最低的來源。

因此，這就要求企業經營循環的最後成果一定是要回收到增值的現金。如果沒有回籠現金，那麼，就算企業賬面上有很高的利潤，這樣的利潤表現在那裏？在應收賬款上？在存貨上？在客戶的口袋裏？在這種情況下，我們既沒有用於日常經營的現金，無法實現經營資金的自給；同時又存在著一種風險，即賬面利潤變現的風險。

這是目前很多企業在生產經營時常出現的問題。企業在剛起步規模較小時，往往因爲資金來源不多而非常注重現金的回籠，反而在做大以後，就將資金慢慢在存貨、固定資產、投資等環節上沉澱了下來，對資產的流動性和變現能力重視不足，從而使經營循環的結果不是回收更多的現金，導致經常出現賬面利潤數值很高但是企業卻沒有資金，甚至陷入嚴重的財務危機的情況，嚴重影響了企業的經營和發展。

三、企業警惕經營中的陷阱

企業爲什麼倒閉？在一般情況下，企業不會因沒有盈利而在短期內倒閉。企業頻繁失敗，僅僅是因爲缺少現金。任何企業的現金和流動資金的管理通常都是關鍵的，企業家們並不是很清楚地瞭解它們與利潤的關係。通常，對企業來說，銷售額是假的，利潤才是真的，而現金是企業的「血液」。

爲了避免企業倒閉破產，企業家們常常要問自己兩個問題：企業在現金和利潤方面做得怎麼樣？企業的控制體系所引起的監控作用如何？

1. 分析現金和利潤的問題

現金和利潤問題通常源於多個方面，一旦找到「源頭」常常很容易解決。需要注意的是，盈利性問題就會導致現金的問題(見圖 1-2)。

圖 1-2 現金和利潤問題的分析

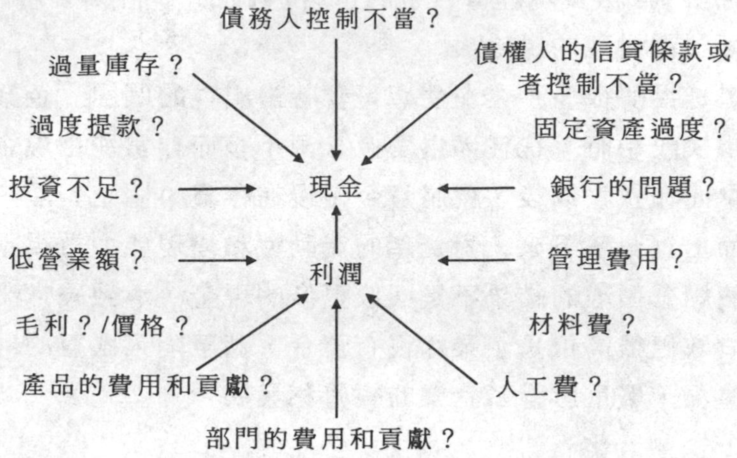

短期的虧損不會引起企業倒閉，但長期的虧損勢必導致企業破產。企業有盈利並不意味著有現金。因爲你的貨物大量被別人連用，你的資金週轉不開，很多債權人向法院起訴你，讓你償還債務。你的再生產資金也發生了困難，結果你破產了。所以你應時刻關注你的利潤和現金問題。

如果現金問題是主流，則需要考慮以下幾個主要方面。

⑴企業的原始資本是否不足？

⑵業主(們)的提款是否過度，或者分配給股東的股利過度？

⑶企業的庫存(包含在產品、產成品)是否過量？

⑷應收款項是否回收緩慢，逾期是否太長造成壞賬損失？

⑸供應商的信貸條件是否苛刻？

⑹是否大量的現金束縛在固定資產上？

⑺是否銀行的支持太少，不容易貸到款項？

如果是盈利的問題，需要探究的要點如下：

⑻營業額的水準是太高還是太低？

⑼毛利潤的水準，是否受到這些因素的影響。

這些方面的每一項都可再進一步分析，來突出運行不好的根本原因，以便採取相應的措施，及時緩解矛盾，避免企業的倒閉的發生。

2.監督檢查企業控制體系的運行情況

爲了使你的企業正常運行，還必須建立一套內部控制系統，且對該系統的運行情況給予經常性的檢查分析，隨時發現異常情況，及時採取有效措施，避免事態的惡性發展。

⑴適當的財務記錄與制度

實際中，由於企業的類型不同，所用的財務制度也千差萬別但不管怎樣，以下這些制度企業必須建立：

①對現金流量的監控；

②對銷售和採購的分析；

③對應收、應付賬款的控制；

④對產品或作業成本和貢獻毛利監控；

⑤對部門的成本和貢獻毛利的分析；

⑥對庫存和在產品的監控；

⑦採用週、月、季報表來反映盈利能力和現金流量的概貌。

上述這些財務制度都是使企業控制系統得以正常運行的保證。

⑵評定財務狀況

爲了及時發現問題，還需開展經常性地對企業的財務狀況和企業的優勢進行評價，應從四個方面考慮(見圖 1-3，評價企業財務狀況圖)。

圖 1-3 評價財務狀況圖

盈利性	現金/營運資金	資金
‧銷售	‧現金流量預測	‧淨固定資產
‧毛利潤	‧庫存	‧淨流動資產
‧費用(固定費用)	‧債務人	‧權益
‧盈虧平衡銷售額	‧債權人	‧借款
‧淨利潤	‧逾期的債權人	‧本債比
‧留存收益	‧淨流動資產	‧潛在借款

財務控制與財務制度
‧是否能監督現金流量、流動資產和盈利能力?
‧它們還監督那些其他的關鍵財務數值?
‧它們與本企業有關嗎?
‧它們被理解嗎,以及被用於決策嗎?
‧業主和管理層在控制之中嗎?

①盈利能力

企業在短期內可以是不獲利,但爲了生存,企業在整個營業期間內必須盈利。企業可通過盈虧平衡銷售點來理解和控制盈利能力。

②現金/營運資金

現金流量是任何企業在短期內存活的關鍵因素,所以用最大限度的注意力監控它。現金流量與營運資金的管理緊密相關,並且對庫存、應付賬款的有效控制都量體裁衣帶來巨大的收益。

③資金

企業的資金如何,對於管理現金/營運資金和盈利能力至關重要。資金基礎的強勢以及將留存收益注入資金基礎的狀況決定了企業的發展潛能，對任何企業來說，在不牢固的資金基礎上發展都是一種潛在的危險。

④財務控制

業主不必成爲財務專家，但爲了「控制住」企業，業主們確實必須充分理解上述要素。企業正式財務體制不必要求特別成熟，只要求能夠充足地給業主提供需要的信息，使業主處於控制企業之中。

在市場上有大量的財務分析/控制軟體，可以根據企業的特殊性參考性地選用它們。

四、導致戰略失敗的五大財務危機

戰略是企業在所處外部環境分析的基礎上，尋找機會，創造一種獨特而有利的定位。可以說，企業戰略是企業對外部機會的把握。然而，企業戰略能否得以實現，還需要企業本身具備一定的內部條件。企業的內部因素包括許多方面，其中，財務是一個至關重要的要素。財務與戰略緊密相關，通過對大量國內外企業的案例分析，總結出導致戰略失敗的五大財務危機：

1. 現金流短缺

所謂現金，是指企業持有的貨幣和銀行存款兩個項目。現金猶如人體的血液，是企業發展的生命線，現金的持有情況對於既定戰略的實施意義重大，適量的現金流爲戰略平穩地實施提供保障。

企業任何一個經營戰略的實施過程都是一個從現金到資產

再到現金的循環。在這個過程中，如果資金流短缺，那麼這個循環就斷掉了，企業的戰略實施過程也就無法完成。如果企業沒有日常的應付款項資金和營運償付到期債務的現金，那麼再好的戰略也很難避免破產的命運，不僅戰略規劃中預期的贏利目標達不到，甚至可能連本金和原始投資都收不回來。

2. 過多的應收賬款

面對激烈的市場競爭，企業為了及時佔領市場、減少庫存，往往將賒銷作為一種重要的促銷手段，通過賒銷向客戶提供信用服務，從而促進產品銷售。賒銷在提高銷售額和增加利潤的同時，也會給企業帶來巨大的風險。過多的應收賬款會使企業面臨巨大的應收賬款壞賬風險和現金週轉風險(對企業的打擊有時是致命的)，它實際上是將客戶的經營風險轉嫁到了企業自己的身上，例如某家電企業在 1997 年就是由於美國代理商 40 億的應收賬款拖欠而陷入了巨額虧損的泥潭。企業的貨款如果不能按時足額回收，不僅意味著企業附加價值的損失，而且表示投入的資本被損失了。

3. 過多的滯銷存貨

公司的發展戰略要靠資金來推動，因此融資是公司成長的永恆主題。存貨的節省可以減少公司的資金投入，而巨大的滯銷的存貨，一則，會佔用大量的資金，引起資金週轉危機；二則，庫存若跌價，則會給公司帶來巨大的損失。

1996 年，蘋果電腦的產品年庫存週轉率還不到 13 次，而同年其競爭對手戴爾公司的產品年庫存週轉率卻高達 41 次，原因就是，戴爾公司的應付款大，應收款少，存貨幾乎為零。又如，美國的亞馬遜網站也是一個很好的正面的案例。傳統零售商的銷售淨利潤率只有 1%～4%，而亞馬遜的淨利潤率可以達到 7%。因爲和傳統零售商相比，亞馬遜通過網上交易可以支付較低的租金、保留較少的庫存，並僱傭較少的員工，從而使運營成本大大降低，銷售利潤率大大提高。

4. 過大的（固定）資產投資

企業運用廠房、機器設備對原料進行加工，生產一定數量的產品，通過銷售轉化爲應收賬款或現金，最終爲企業帶來利潤。因此，通常將固定資產稱爲贏利性資產，許多企業進行戰略規劃時往往期望把企業「做大」，過度地進行固定資產投資。

固定資產上的巨額投資能夠培育企業的核心競爭力，促進企業戰略的發展，但是對於戰略的實施卻帶來了一些問題。

⑴推動固定資產正常運行的流動資產不足。固定資產並不是獨立發揮作用的，它必須與企業的流動資產相結合，通過對流動資產的改造、加工來創造新增價值。企業在固定資產上投資時，如果沒有充分考慮配套的流動資金，或原定的流動資金融通管道阻滯，便會導致流動資產不足。

⑵固定資產使用效率低，週轉速度慢，不能攤薄固定成本，因而降低了總資產的收益率。

⑶固定資產佔用資金成本（即機會成本）過高。固定資產上的巨額投資表現爲大量的資金佔用，其成本是相當高的。尤其是，目前的資本市場還不健全，融資管道不很暢通，資金十分稀缺，企業生存和發展面臨著巨大的資金缺口，這種資金佔用的代價是十分昂貴的。

除此之外，巨額的固定資產意味著巨額的折舊費用，在收入不變的情況下，利潤就會減少。同時，它也加大了企業的經營風險，這一方面表現爲折舊費用作爲固定成本會增大經營杠杆率，另一方面也表現在固定資產價值補償時間長，在科學技術日新月異的今天很可能被提前淘汰，給企業帶來巨大損失。

由此可以看出，固定資產投資中的這些問題，不僅使企業短期收益難以增長，而且在長期發展中負擔沉重。在不影響生產能力的同時，企業應儘量減少固定資產佔用，在既定的銷售額上實現更多的利潤，提高投資品質和效益。

5. 過多的短期借款

短期借款是企業重要的一種資金來源。它籌集速度快，容易獲得，成本較低。鑑於這些優點，許多企業往往通過大量的短期負債代替長期籌資以提供企業戰略實施所需的資金。

但是，大量地利用短期負債會導致企業風險的增加。一般來說，短期籌資的風險要比長期籌資要大，這是因爲：第一，如果企業短期借款的比重高，一旦還款期臨近，則預示著企業近期需要大量的現金。短期負債需要在短期內償還，如果企業屆時資金安排不當，就會陷入財務危機。一般而言，企業進行一項長期投資只有在第四年或第五年才會有現金流入。在頭幾年裏，企業如果利用短期籌資就會面臨很大的風險，因爲企業的投資項目還沒有爲企業帶來收益。但是，如果企業採用爲期五年的長期籌資的話，就會從容地利用該投資項目產生的收益來償還負債了。第二，只有穩定、持續的現金流才能保證長期投資戰略順利實施下去，一旦短期借款不能延續下去，就會導致整個項目經營運作的循環鏈斷裂，從而導致戰略失敗。因此，一個戰略項目的籌資與投資方式要講究一個「匹配性」的問題，長期投資項目應該以長期籌資來支撐。

五、企業財務管理的三要件

企業財務管理最重要的內容有三個，可以稱之爲財務管理的三大要件，即利潤、現金流量和財務體系的健康。

1. **利潤**

企業財務管理的中心內容就是利潤。在財務管理中是通過多個指標來強調利潤對企業經營和財務管理的重要程度，比如資金報酬率、利潤率、每股淨收益等。而現代財務管理正是通過分析、控制這些指標而瞭解企業的經營狀況和贏利能力，從而確定企業的財務戰略，並對企業經營決策提出建議。

那麼，企業的利潤從何而來？我們都知道，「收入－成本＝利潤」，更可改爲「利潤＝收入－成本」，收入的多少和成本的大小都會影響利潤的大小。直白地說，企業的利潤就是從兩頭而來：一頭是企業的收入，或者說是銷售額、營業額等；另一頭是企業經營的成本，即各種支出的總和。利潤實際上就是兩頭之間的差額，在一個因素固定的情況下，收入越多，利潤越大；費用越低，利潤越大。因此，我們要擴大利潤也應該從兩頭著力，即將擴大業務和控制成本費用結合起來，單從一頭著力並不一定能達到擴大利潤的目的。比如說，一家企業的銷售額增加了 10 萬元。但同時它的管理費用也增加了 10 萬元，結果企業的利潤增加額等於零。

對一般企業而言，由於市場競爭日益加劇、企業面臨著多種經濟風險，企業產品的需求與定價並不是自己能完全決定的。營業額、收入的大小及其增長速度與市場機會和企業所處的競爭位置有很大關係，如果不能及時把握住市場機會，就無法輕易提高收入。相對而言，企業經營的成本費用，特別是管理費用、財務費用的影響因素大多取決於企業內部的經營管理能力，也就是說，是企業能進行自我控制的。因此，在這樣的市場環境下，向企業內部挖潛，即提高企業的經營管理效率、控制成本費用增長就成爲提高利潤的一個重要措施。

2. **現金流量**

企業財務管理主要是資金管理，其對象是資金及其流轉。資金流量的起點和終點都是現金。企業的其他資產都可以折爲現值以現金形式表示。企業的現金流量是指，企業在日常經營和投資活動中產生的現金流動總額。它包括兩個方面：一是現金流入，主要來源於企業的營業收入、利潤累積和籌資活動等；二是現金流出，主要用於企業的經營支出、投資活動以及其他支出。

現金流量對於企業的經營循環狀況極爲重要。要保證企業經營良性循環，就必須保證充足的營業資金。如果現金資產不足，一旦出現重大資金需求或意外支出，就很容易導致經營循環中斷、財務狀況惡化。此時，即使企業的經營狀況和發展前景都很好，也存在著巨大的經營風險，甚至可能導致破產。

如果企業的現金流入流出量相等，財務管理就是健康發展。實際上這種情況極少出現，不是收大於支，就是支大於收。在現代的買方市場，很多企業都會出現現金流出大於現金流入的情況。現金流轉這種不平衡的原因有企業內部的贏利、虧損或規模擴充等因素，也有企業外部的市場環境變化、經濟興衰、企業間的競爭等因素。

3.財務體系的健康

企業財務體系的內容十分豐富。一個合理的財務體系應該包括投資體系、融資體系、財務管理體系等。體系內部的各部份是相互影響、相互制約的。同時，財務體系及其各部份內容與企業的經營發展也是密切相關的。企業財務體系的健康程度決定了企業整體的財務狀況，密切影響著企業的經營能力及其抗風險能力。

企業的財務三大要件與企業經營的關係十分密切。利潤是企業收入與成本費用的差額，可以通過擴大銷售額和控制成本費用來提高；經營現金流量是企業從營業收入、利潤或者其他來源中獲得，其作用就是保證經營循環的順利進行；而財務體系的健康程度則是反映企業的經營狀態和整個經營風險的一個主要指標。

心得欄

第2章

合理籌資有技巧

一、企業為什麼需要籌資

利用不同管道籌集資金，其籌資成本會有差異嗎？選擇那種籌資方式最合適？企業面臨的籌資困境有那些？如何走出企業籌資的困境？

美國船王丹尼爾·洛維格，1897年盛夏生於美國密歇根州的南海漫，那是一個很小的城鎮。洛維格的父親是個房地產生意的中間人。在洛維格10歲那年。父親和母親因為個性不合離婚了。這樣，洛維格跟隨父親離開家鄉，來到了德克薩斯州的小城——亞瑟港，一個以航運業為主的城市。

童年的洛維格生性孤僻，不喜歡與別的孩子來往，他喜歡獨自到海邊碼頭上去玩。小洛維格最愛聽輪船嗚嗚的汽笛聲和啪噠啪噠的馬達聲。那時候，他總夢想著將來有一天能夠擁有一艘屬於自己的輪船，然後乘著它出海航行。

洛維格對船極度著迷，高中沒念完就去碼頭工作了。開始他給一些船主做幫工，做些拆裝修理輪船引擎的活計。洛維格對這一行有出奇的靈氣，簡直稱得上無師自通。常常在別人休息的時候，性格內向的他獨自在那裏把一些舊的輪船發動機拆了又裝，裝了又拆，苦苦鑽研。很多年老的修理工見他這麼有靈氣，手腳又勤快，紛紛把自己獨到的手藝和技巧傳授給他。洛維格終於成了一名熟練的輪船引擎修理工，而且名氣越做越大。多少出了怪毛病的引擎，只要經他的手一撥弄，便又能完好如初。幾年以後，他不再滿足於東家做做、西家幹幹的狀況，在一家公司找到了一個固定的工作，專門負責安裝去全國各港口船舶的各種引擎。

由於他不凡的手藝，攬的活越來越多，忙都忙不過來，於是乾脆辭去了公司的工作，獨自開了個修理行。

洛維格租下了一家船廠的碼頭，專門從事安裝、修理各種輪船。生意剛開始很紅火，洛維格積攢了一些錢。可是，這些靠手工活掙來的辛苦錢，一點兒也沒能讓他滿足。出身於中低收入家庭的洛維格不甘心過平凡窮苦的生活，他要賺很多的錢，讓自己充分體會成功的感覺。

可是怎樣才能發財呢？洛維格在那時只有一點點微不足道的積蓄，不夠做生意的資本。年輕的洛維格在企業界裏磕來碰去，摸索賺錢的方法，可是總不得要領，甚至屢屢面臨破產的危機。

就在洛維格行將進入而立之年的時候，靈感開始迸發了。童年的一個小小的賺錢經歷出現在他的腦海裏。

那是在他 9 歲的時候，他偶然打聽到鄰居有條柴油機帆船沉在了水底，船主人不想要它了。洛維格向父親借了 50 美元，用其中一部份僱了人把船打撈上來，又用一部份從船主人手裏買下了它，然後用剩下的錢僱了幾個幫手。花了整整 4 個月的時間，把那條幾乎報廢的帆船修理好，然後轉手賣了出去。這樣他從中賺了 50 美元。從這件事，他知道如果沒有父親的那 50 美元，他不可能做成這筆交易。對於一貧如洗的人，要想擁有資本就得借貸，用別人的錢開創自己的事業，為自己賺更多的錢，這就是洛維格的發現。

向銀行申請個人貸款，是洛維格能選擇的唯一辦法。在相當長的時間裏。紐約的很多家銀行裏都能見到他忙碌的身影。他得說服銀行家們貸給他一筆款子，並且使他們相信他有償還貸款本金及利息的能力。可是他的請求一一遭到了拒絕。理由很簡單，他幾乎一無所有，貸款給他這樣的人風險很大。希望一個個地燃起，又一個個像肥皂泡樣破滅。就在山窮水盡的時候，洛維格突然有了一個好主意。他有一條尚能航行的老油輪，他把它重新修理改裝，並精心「打扮」了一番，以低廉的價格包租給一家大石油公司。然後，他帶著租約合約去找紐約大通銀行的經理，說他有一艘被大石油公司包租的油輪，每月可收到固定的租金，如果銀行肯貸款給他，他可以讓石油公司把每月的租金直接轉給銀行，來分期抵付銀行貸款的本金和利息。

大通銀行的經理們斟酌了一番，答應了洛維格的要求。當時大多數銀行家都認為此舉簡直是發瘋，把款貸給洛維格這樣一個兩手空空的人。似乎有點不可思議。但大通銀行的經理們自有他們的道理：儘管洛維格本身沒有資產信用，但是那家石油公司卻有足夠的信譽和良好的效益；除非發生天災人禍等不可抗拒因素，只要那條油輪還能行駛，只要那家石油公司不破產倒閉，這筆租金肯定會一分不差地入賬的。洛維格思維巧妙之處在於他利用石油公司的信譽為自己的貸款提供了擔保。他計劃得很週到，與石油公司商定的包租金總數，剛好抵償他所貸款每月的利息。

他終於拿到了大通銀行的貸款，便立即買下了一艘貨輪，然後動手加以改裝，使之成為一條裝載量較大的油輪。他採取同樣的方式，把油輪包租給石油公司，獲取租金，然後又以包租金為抵押，重新向銀行貸款，然後又去買船，如此一來，像滾雪球似的，一艘又一艘油輪被他買下，然後租出去。等到貸款一旦還清，整艘油輪就屬於他了。隨著一筆筆貸款逐漸還清，油輪的包租金不再用來抵付給銀行，而轉進了他的私人賬戶。

屬於洛維格的船隻越來越多，包租金也滾滾而來，洛維格不斷積聚著資本，生意越做越大。不僅是大通銀行，許多別的銀行也開始支持他，不斷地貸給他數目不小的款項。

洛維格不是一個容易滿足的人，他總覺得自己的腳步邁得還不夠大，他有了一個新的設想：自己建造油輪出租。

在普通人看來，這是一個冒險的舉措。投入了大筆的資金。設計建造好了油輪，萬一沒有人來租怎麼辦？憑著對船特殊的愛好和對各種船舶設計的精通，洛維格非常清楚什麼樣的人需要什麼類型的船，什麼樣的船能給運輸商們帶來最好的效益。他開始有目的、有針對性地設計一些油輪和貨船。然後拿著設計好的圖紙，找到顧客。一旦顧客滿意，立即就簽訂協議：船造好後，由這位顧客承租。

洛維格拿著這些協議，再向銀行請求高額貸款。此時他在銀行家們心目中的地位已非昔比，以他的信譽，加上承租人的信譽，按照金融規定，這叫「雙名合約」，即所借貸的款項有兩個各自經濟獨立的人或團體的擔保，即使其中有一方破產倒閉而無法履行協議，另一方只要存在，協議就一定得到履行。這樣等於加了「雙保險」的貸款。銀行家們當然很樂意提供。洛維格趁機提出很少人才能享受的「延期償還貸款」待遇，也就是說，在船造好之前，銀行暫時不收回本息，等船下水開始營運，再開始履行歸還銀行貸款本息的協議。這樣一來，洛維格可以先用銀行的錢造船，然後租出，以後就是承租商和銀行的事，只要承租商還清了銀行的貸款本息，他就可以坐取源源不斷的租金。自然成為船的主人了。整個過程他不用投資一文錢。

洛維格的這種賺錢方式，乍看有些荒誕不經，其實每一步驟都很合理，沒有任何讓人難以接受的地方。這對於銀行家們、承租商們都有好處，當然洛維格的好處最大，因為他不需要「投入」，就可以「產出」。用別人的錢打天下，是洛維格獨到之處，這不能不說是一種經營天才的思維。

古人曰：「借雞下蛋」，古人尚且知道這個道理，現代企業的經營者就更應該明白其中的玄妙了。我們這裏講的「籌資」與「借雞下蛋」還是有一定區別的，「借雞下蛋」是指借別人的錢爲自己謀利，而企業的籌資廣義上講既包括自有資金的籌集，也包括借債。籌資對企業經營的作用是不容忽視的：

1. 彌補企業日常經營的資金缺口

管理者都知道，並不是企業要投資、要擴展時才需要資金，日常經營經常會出現資金缺口。比如與農產品打交道的企業，收穫季節到了，需準備一大筆資金收購農產品，再製成商品售出；如果企業應收賬款過多，而手頭資金短缺，企業也會選擇短期融資。

2. 為企業的投資提供保障

要投資，就需要資金，當然也可以用設備、土地、無形資產投資，但大多數情況下，對資金的需要是直接的，但是錢從那裏來呢？要知道「巧婦難爲無米之炊」，要想做好投資，就要先學會籌資。

3. 企業發展壯大的需要

企業要佔領市場，要經營房地產，做多元化經營，要與對手拼個死活，要向國際市場進軍，那一條不需要巨額資金支援呢？想一想彩電、微波爐之戰，那一個戰役不是以鉅資爲支撐，一旦一個企業耗不下去了，資金不足了，市場也將向它關閉。這就是現代商業經營殘酷的現實，因此，無論是中小型企業還是大型企業集團，想要在市場中生存，想要將企業不斷發展壯大，必須有「夠用的資金」，籌資也是一門必要的學問，值得好好研究。

二、企業籌資的類型分析

企業的組織形式不同，生產經營所處的階段不同，對資金的數量需求和性質要求也就不同。企業從不同籌資管道和用不同籌資方式籌集的資金，由於具體的來源、方式、期限等的不同，形成不同的類型。

1. 短期資金與長期資金

企業的資金來源按照資金使用期限的長短分爲短期資金和長期資金兩種。

⑴**短期資金**

短期資金是指使用期限在一年以內的資金，一般通過短期借款、商業信用、發行短期債券等方式來籌集，主要投資於現金、應收賬款、存貨等，用於滿足企業由於生產經營過程中資金週轉的暫時短缺。短期資金具有佔用期限短、財務風險大、資金成本相對低的特點。

⑵**長期資金**

長期資金是指使用期限在一年以上的資金，主要用於購建固定資產、無形資產或進行長期投資，通常採用吸收直接投資、發行股票、發行長期債券、長期銀行借款、融資租賃等方式來籌集。長期資金是企業長期、持續、穩定地進行生產經營的前提和保證。它具有佔用期限長、財務風險小、資本成本相對較高的特點。企業的長期資金和短期資金，有時也可相互融通。如可用短期資金來滿足臨時性的長期資金需要，或者用長期資金來解決臨時性的短期資金不足。

2. **主權資金與負債資金**

企業的全部資金來源按照資金權益性質的不同分爲主權資金和負債資金兩大類。

⑴**主權資金**

主權資金即所有者權益，是指企業依法籌集並長期擁有、自主支配使用的資金，包括投資者投入企業的資本及持續經營中形成的經營積累，如實收資本、資本公積、盈餘公積和未分配利潤等，在數量上等於企業全部資產減去負債後的餘額。企業一般通過吸收直接投資、發行股票、內部積累等方式來籌集主權資金。

⑵負債資金

負債資金即負債，是指企業依法籌措並使用、應按期歸還的資金。企業一般通過銀行借款、商業信用、發行債券、融資租賃等方式來籌集負債資金。

3.直接籌資與間接籌資

企業籌集的資金按是否通過金融機構來籌集可分爲直接籌資和間接籌資兩種類型。

⑴直接籌資

直接籌資是指企業不經過銀行等金融機構，而直接從資金供應者那裏借入或發行股票、債券等方式進行的籌資。在直接籌資過程中，供求雙方借助融資手段直接實現資金的轉移，無須通過銀行等金融仲介機構。

⑵間接籌資

間接籌資是指企業借助於銀行等金融機構進行的籌資，其主要形式爲銀行借款、非銀行金融機構借款、融資租賃等。

三、如何獲得銀行的支持

正處於蓬勃發展階段的企業，迫切需要銀行的信貸投入。然而銀行在紛紛表示支持的同時，仍有「恐貸」、「惜貸」的心理和行爲。

究其原因，是因爲部份企業存在著一些欠缺和不足，銀行對其有顧慮，怕貸款產生風險，因而不敢貿然行事。經調查研究，企業要獲得銀行貸款的青睞，主要從以下幾個方面努力：

1. 健全財務制度

部份企業無據、無賬、賬務不清晰甚至還做假賬。銀行對資金的來龍去脈，企業真實的經營效益、經營成本、資金實力等情況難以知曉，對貸款項目無法準確評估預測，當然不敢放貸。私營企業要獲得貸款，必須首先建賬建據，規範經營，改變資產隱形管理，提高企業經營的透明度。

2. 長線經營

一部份企業，靠一些簡單的設備，生產一些品質不高、急需急用的產品，經不起市場的考驗。還有相當一部份小企業目光短淺，不願拿出資金進行科技開發，由於上述兩種情況，導致企業市場前景不明，使銀行缺乏足夠的信心。

3. 提高自身素質

儘管有頭腦、有遠見、有創新意識的企業不少，但仍有部份小業主由於自身素質的制約，經營管理水準不高，存在著家庭化管理、經驗化管理的弊病，有的還停留在小手工作坊水準，企業稍有發展，經營管理就難以適應。而在銀行的貸款審查中，經營者的能力是重要的考核項目。

4. 尋求有效擔保

作爲第二還款來源，有效的抵押與擔保，也是銀行貸款時必須考慮的。目前，如有存單質押，有具備實力的單位擔保，銀行一般都是一路「綠燈」。經有關部門批准，企業還可以通過聯合建立擔保基金來解決這一問題。

5. 樹立良好信譽

要十分注重信譽。在資訊的傳遞非常迅速的今天，失信於一家銀行等於失信於所有銀行。

四、走出融資困境

中小企業在經濟中的地位日益重要。可是中小企業卻普遍面臨著融資難的問題，這一問題已成爲制約中小企業發展的瓶頸。如何解決這一問題也是創業之初各個老闆十分關心的問題。下面將介紹幾種方法，以幫助中小企業走出融資困境。

1. 買方信貸

買方信貸是指銀行向銷售商的下游客戶(買方)發放的、專門用於購買銷售商所售商品的貸款。如果企業的產品有可靠的銷路，但在自身資本金不足、財務管理基礎較差、可以提供的擔保品或尋求第三方擔保比較困難的情況下，銀行可以按照銷售合約，對其產品的購買方提供貸款支援。買方信貸中賣方可以向買方收取一定比例的預付款，以解決生產過程中的資金困難。或者由買方簽發銀行承兌匯票，賣方持匯票到銀行貼現。買方信貸的期限一般在一年以上，最長不超過三年。

對於已經獲得買方信貸的企業，在取得信貸支持後，一定要嚴格按照借款合約的有關規定，在買方銀行開立買方信貸存款賬戶，在每次償付本息日前存足當期應付資金，以備及時償付到期回款一息。銀行幫助企業渡過的資金困難的難關，企業一定不能失信於銀行，這樣才能建立良好的業務關係。

2. 綜合授信

綜合授信是銀行對一些經營狀況好、信用可靠的企業，授予一定時期內一定金額的信貸額度，企業在有效期與額度範圍內可以循環使用。綜合授信額度由企業一次性申報有關材料，銀行一次性審批。企業可以根據自己的營運情況分期用款，隨借隨還，企業借款十分方便，同時也節約了融資成本。

並不是每個客戶都能得到銀行的綜合授信。銀行採用這種方式提供貸款，一般適用於一些管理有方、信譽可靠，特別是同銀行有較長期合作關係的企業。所以，企業應該和一兩個銀行保持良好的合作關係。現在有些企業在多家銀行開戶，一會兒在這個銀行做業務，一會兒又換成其他的銀行，這樣光在各家銀行花費的聯繫日常業務的費用就有很多。其實企業應該在對各個銀行比較的基礎上選擇一個最適合自己的銀行，然後就做這個銀行的忠實客戶，不要頻繁更換。銀行對於和自己保持良好業務關係的客戶，通常能給予一些利率或者期限的優惠，或者能給予一些特殊的服務，例如綜合授信。銀行對於自己的忠實客戶，往往在其資金困難的時候，更願意幫其渡關。

3. 票據貼現融資

在當今的信用社會下，許多企業手中都有大量的票據。企業收到票據至票據到期兌現之日，往往是少則幾十天，多則幾個月，資金在這段時間處於閒置狀態。企業如果能充分利用票據貼現融資，遠比申請貸款手續簡便，而且融資成本很低。所以利用票據貼現融資對於急需資金的中小企業來說不失爲一種好辦法。

票據貼現是指票據的持有人將商業票據轉讓給銀行，取得扣除貼現利息後的資金。可以貼現的票據主要是指銀行承兌匯票和商業承兌匯票。無論那種票據，一般都可以迅速從銀行獲得融資。這種融資方式的好處之一是銀行不按照企業的資產規模來放款，而是依據市場情況(銷售合約)來貸款。另外，信用證、國內信用證、銀行承兌匯票等票據業務本身主要是一種結算工具，但當銀行收取保證金比例低於匯票面值時，就有了融資功能。

銀行接受中小企業票據融資除了要求企業必須具有法人資格、所持商業匯票合法有效、資信狀況良好、具有到期還款能力等基本條件之外，還要求企業在申請銀行開立基本存款賬戶或一般存款賬戶，同時提供有關履行該票據項下商品交易合約的發貨單、運輸單，並與出票人或其前手之間具有真實合法的商品交易關係以及提供合法可靠的擔保。

票據貼現只需帶上相應的票據到銀行辦理有關手續即可，一般在三個營業日內就能辦妥，利用這種融資方式可以將企業的大量流通性差的票據轉換成可以隨時支付的現金，這種融資方式值得中小企業廣泛、積極地利用。

4.信用擔保貸款

中小企業解決融資問題的另一個有效的出路是信用擔保貸款。

中小企業信用擔保機構大多實行會員制管理的形式，屬於公共服務性、行業自律性、自身非營利性組織。擔保基金的來源，一般是由當地政府財政撥款、會員自願交納會員基金、社會籌集的資金、商業銀行的資金等幾部份組成。會員企業向銀行借款時可以由中小企業擔保機構予以擔保。另外，中小企業還可以向專門開展仲介服務的擔保公司尋求擔保服務。

目前中小企業融資難的原因之一就是企業的規模不夠大，貸款時能提供的抵押品不足，所以，銀行爲了避免風險往往不願意貸給中小企業款項。當企業提供不出銀行所能接受的擔保措施時，如抵押、質押或第三方信用保證人等，擔保公司卻可以解決這些難題。雖然擔保公司爲了防止自身的風險，也會要求企業提供反擔保的措施，不過與銀行相比而言，擔保公司對抵押品的要求更爲靈活。所以企業可以通過擔保公司提供的擔保從銀行獲得貸款，然後再用企業能夠達到的擔保條件向擔保公司進行擔保以融通資金。對於貸款有困難的中小企業可以考慮這種靈活的信用擔保貸款。

5. **自然人擔保貸款**

對於個人獨資企業來說，自然人擔保貸款是可以考慮的一種融資方式。

自然人擔保貸款可採取抵押、權利質押、抵押加保證三種形式。可作爲抵押的財產包括個人所有的房產、土地使用權和交通運輸工具等。可作質押的個人財產包括儲蓄存單、憑證式國債和記名式金融債券。抵押加保證則是指在財產抵押的基礎上，附加抵押人的連帶責任保證。如果借款人未能按期償還全部貸款本息或發生其他違約事項，銀行將會要求擔保人履行擔保義務。

目前，剛剛創立的個人獨資企業多數面臨銀行貸款難的問題。企業在創立之初業務一般較少，所以，運用其他的融資手段例如票據貼現融資等的機會也較少，這些企業最主要的融資還是在銀行。可是由於這些企業的規模一般不大，銀行對其信任程度較低，所以從銀行獲得貸款的難度也很大。不過個人獨資企業有一個優勢，那就是投資者個人的信譽。個人獨資企業的投資者可能信譽很好，只是銀行爲了避免風險在沒有抵押的情況下不願意貸款給這些企業，此時投資者個人就可以利用其良好的信譽讓一些親朋好友向銀行提供抵押爲企業獲得融資。如果投資人在自己的親戚、朋友圈中信譽很好的話，大家也願意爲其擔保，幫助企業融資的。

6.應收賬款貸款

如果企業有較多的應收賬款沒有到期，而企業又急需用資金的話，可以考慮使用應收賬款貸款。目前，國內已有不少銀行正式推出此項融資服務，深受中小企業的歡迎。

應收賬款貸款按照是否有第三人參加，可以分爲應收賬款質押貸款和應收賬款信託貸款兩種。應收賬款質押貸款是指生產型企業以其銷售形成的應收賬款作爲質押，向銀行申請的授信。用於質押的應收賬款須滿足一定的條件，比如應收賬款項下的產品已發出並由購買方驗收合格；購買方也就是應收賬款的付款方資金實力較弱，無不良信用記錄；付款方確認應收賬款的具體金額並承諾只向銷售商在貸款銀行開立的指定賬戶付款；應收賬款的到期日早於借款合約規定的還款日等。只有符合這些條件的應收賬款，銀行才會接受。

7.保理融資

有應收賬款的企業還有一種融資方式，那就是保理融資。保理融資是指銷售商通過將其擁有合法的應收賬款轉讓給銀行，從而獲得融資的行爲。

保理融資可以分爲有追索和無追索兩種。前者是指當應收賬款付款方到期未付款時，銀行在追索應收賬款付款方之外，還有權向保理融資申請人(銷售商)追索未付款項；後者指當應收賬款付款方到期未付時，銀行只能向應收賬款付款方行使追索權，因此銀行的風險較大。此種融資方式一般可使企業獲得應收賬款 50%～80%甚至更多的融資。

企業利用保理業務可以迅速地籌集到短期資金，以彌補資金的臨時性短缺。雖然保理業務的融資費用較高，但是由於保理可以使應收賬款迅速轉化爲現金，加速了資金的週轉。而資金在這一段時期內利用所獲得的價值增值通常是可以彌補保理業務的融資費用的。所以，此種方法還是可以考慮使用的。

8. **金融租賃**

金融租賃是指出租人根據承租人的請求，向承租人指定的出賣人按承租人同意的條件，購買承租人指定的資本貨物，並以承租人支付租金爲條件，將該資本貨物的佔有、使用和收益權轉讓給承租人。其實金融租賃就是融資租賃，該融資方式已成爲設備投資中僅次於銀行信貸的第二大融資方式。

金融租賃是一種集信貸、貿易、租賃於一體，以租賃物件的所有權與使用權相分離爲特徵的新型融資方式。設備使用廠家看中某種設備後，即可委託金融租賃公司出資購得，然後再以租賃的形式將設備交付企業使用。當企業在合約期內把租金還清後，最終還將擁有該設備的所有權。通過金融租賃，企業可用少量資金取得所需的先進技術設備，可以邊生產、邊還租金，對於資金缺乏的企業來說，金融租賃不失爲加速投資、擴大生產的好辦法；就某些產品積壓的企業來說，金融租賃不失爲促進銷售、拓展市場的好手段。特別對於一時資金短缺而有急需設備的中小企業來說，金融租賃可以滿足其要求。

雖然同銀行貸款相比，金融租賃的成本通常較高，因爲租賃利率通常要高於銀行貸款利率，而且融資租賃公司還要在期初收取一定的手續費。但對於中小企業來說，銀行貸款通常很難申請到，如果一味等待的話可能會錯過許多投資的良好時機。另外利用融資租賃，承租企業可以享受加速折舊的優惠。所以在企業資金短缺而又申請不到貸款時，可以考慮用此方式。

9.**典當融資**

典當是以實物為抵押，以實物所有權轉移的形式取得臨時性貸款的一種融資方式。與銀行貸款相比，典當貸款成本較高、貸款規模也較小，但是典當也有銀行無法相比的優勢。

通常銀行對借款人的資信條件要求非常苛刻，但是典當行對客戶的信用要求不是很高。典當行只注重典當物品的價值，由於有典當物品做擔保所以典當行不是很看重客戶的資信、經營等情況。而且一般銀行只做不動產抵押，而典當行可以動產抵押和不動產抵押兩者兼有。另外，與銀行貸款手續繁雜、審批週期長相比，典當貸款手續十分簡便，大多立等可取，即使是不動產抵押，也比銀行要便捷許多。而且典當行不像銀行那樣要限定貸款的一些用途，典當行不問貸款用途，企業可以自由的運用典當得來的資金，大大提高了資金的使用效率。典當行還有一個對於中小企業很具有誘惑力的優點，就是典當行典當的物品價值的起點很低，剛好可以滿足中小企業的需要，典當行更加注重對個人客戶和中小企業服務。

五、根據企業自身需要選擇融資管道

企業在發展的過程中，會不斷地進行各種投資活動，尤其是正處於發展階段的中小企業，容易產生資金短缺，這種情況下僅僅依靠企業的內部積累是不可能滿足企業的發展需要的，因此，中小企業需要從各種籌資管道籌集資金。而且在現實中，中小企業的融資管道是多種多樣的。

對於融資管道而言，最簡單的劃分就是將融資管道分爲直接融資和間接融資。

直接融資是指資金的最終需求者向資金的最初所有人直接籌集資金。直接融資的主要形式是企業發行股票、債券或通過各種投資基金和資產重組、借殼上市等形式籌集資金。

間接融資是指需要資金的企業或個人通過銀行等金融仲介機構取得資金。

在中小企業面對的多種融資管道中，粗略地進行分類，可以歸成如下的幾種類型：

1. 中小企業與銀行等金融機構

通過銀行貸款，這是一般公司最期望得到的結果。除此之外，一些中小企業還可以借助金融機構發行債券，向社會直接籌資。當然，這種活動必須具備一定的前提，對大多數中小企業而言這是可望而不可及的事情。

2. 中小企業與個人

中小企業從個人手中籌資的方法是多樣化的。比如可通過吸引直接投資的方式增加投資主體，從新的投資夥伴那裏籌集資金。有的中小企業經營者在資金短缺時向親戚朋友借錢，親戚朋友們也會拉上一把。有的中小企業會鼓勵職工入股或向職工集資。這種方式籌資的優點就是手續簡便，資金到位及時；缺點是資金數量往往很少，且會受到較多干涉。當然向私人籌資的最高形式就是發行股票了，但這對一般的中小企業來說要求較高。

3. 中小企業與其他企業之間融資

中小企業與其他企業之間的籌資關係主要表現爲商業信用。商業信用是公司的穩定的融資管道，中小企業可以通過賒購的方式從供應商那裏獲取商業信用，同時企業爲了促進產品或勞務的銷售，也會對顧客提供商業信用。

4. 還有一種微妙的融資租賃籌資

如果企業從融資租賃公司租入一台設備，租期 10 年，每年支付 120 萬元的租賃費，期滿後設備歸 K 公司所有。對 K 企業而言，相當於分期付款購買設備。如果 K 企業現在就將設備購入，可能要一次支付 1000 萬元資金，直接影響企業的現金流，而每年支付 120 萬元對資金的佔用是很小的，企業獲得了發展所需的較充裕的資金，同時也獲得了設備。

5. 中小企業與政府

政府對於一些行業提供特殊的優惠政策，如對農業的優惠，在這一領域的公司可以提出申請，如果因此獲得一筆低息貸款，在某種程度上也減輕了中小企業的利息負擔。

6. 中小企業還可以引進外資

中小企業在籌資中也可以利用外資來發展自己。如在海外市場融資、出口信貸、合資等等，形式是多種多樣的。

六、如何確定最佳的籌資數額

從企業全局的角度出發，企業的資金需求既包括流動資金，也包括長期性資金。確定籌資數量的目的，主要是爲了合理利用資金，並盡可能以最少的資金獲得最佳的使用效果。確定籌資數量的方法主要有：

1.銷售百分比法

所謂銷售百分比法，就是根據資產各個項目與銷售收入總額之間的依存關係，按照計劃期銷售額的增長情況來預測需要追加的資金數量的方法。企業流動資金和長期資金的需要量的多少，往往與企業銷售規模有關，所以，常用的預測方法即是銷售百分比法。

以銷售百分比法預測資金需要量，一般按如下步驟進行：

⑴分析基期資產負債表各個項目與銷售收入之間的依存關係，確定相關項目和不相關項目：

①資產類項目。一般來說，用於週轉的貨幣資金、正常的應收賬款和存貨等流動資產，都會因銷售額的增長而相應增長，屬於相關項目。固定資產等長期項目與銷售額的關係，需視基期的固定資產能力是否已經被充分利用，如果已經是滿負荷運營，則需隨時擴充固定資產設備，否則屬於不相關項目。

②負債權益類項目。應付賬款、應交稅金、應計費用等流動負債項目，往往會隨著銷售額的增長而相應增長，屬於相關項目。長期負債與股東權益及銷售額之間沒有明顯的關聯度，屬於不相關項目。

⑵計算基期與銷售相關項目佔銷售的百分比。

⑶計算隨銷售擴大而所需增加的資金。

2.趨勢預測法

趨勢預測法是根據企業發展速度推測資金需求的一種方法。其計算公式爲：

預測期資金需要量＝基期資金量×(1＋年增長速度)

趨勢預測法必須滿足兩個前提條件：一是假定事物發展變化的趨勢已掌握，並將持續到預測期；二是假定相關財務變數雖有變化，但不會改變這種趨勢。

3. 產值資金率法

產值資金率法是根據產值與資金需求之間的關係來推測資金需求的一種方法。產值指企業一定時期內所生產的以資金形式表現的產品總量。其計算公式爲：

計劃年資金需要量＝計劃年總產值×上年產值資金率×（1－計劃年資金週轉加速率）

心得欄

第 3 章

部析你的利潤

一、財務報表的循環

財務報表表現出來的元素和指標都比較多，能夠深刻反映企業和外界所發生的關係。

比如，如果企業去融資，就會與外界股東發生關係，這在企業的財務報表上顯示出來的是實收資本。如果拿到的是現金，企業的銀行存款增加。如果把這筆資金放到循環之中購買材料，企業就跟供應商發生關係，在報表中顯示的是存貨中的原材料。如果企業支付現金，就相應地減少了銀行存款；如果沒有即時支付，就發生了應付賬款。如果購買的原材料投入生產，就轉化為在製品。在製品生產過程中，企業還需要支付工人薪資費用以及其他製造費用。如果這個費用不斷地產生，就會產生產成品。產成品銷售的時候就跟客戶發生關係，企業產生銷售收入，銀行存款增加。

不可忽視的是，企業與稅務部門發生的關係是應付稅金，先掛在企業的賬上，支付的時候減掉應付稅金，然後減掉銀行存款。貨物銷售後，如果客戶不支付現金又會產生應收賬款，收回來減掉應收賬款銀行存款又增加。企業贏利後，還需要支付股東相應的股利，就會發生應付股利，然後銀行存款減少。

以上這些項目構成了一個循環，在財務報表中都有所體現。上述這些項目實際上體現了財務會計核算的過程。這些關係主要通過兩張報表來反映，一張叫資產負債表，一張叫損益表，即利潤表。資產負債表和損益表體現的狀態不同：損益表體現的是一個時間段，也就是說一定期間工作的成果；而資產負債表體現了一個時點的狀態，仿佛給你的公司拍了 X 光片，照下在這個時點上公司整個的資產、現金和負債的狀態。

圖 3-1　財務核算循環示意圖

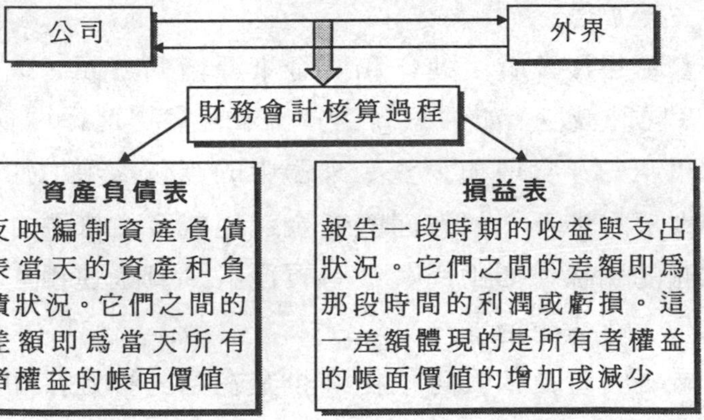

二、如何解讀資產負債表

財務報表一邊是資金的籌集，一邊是資金的運用，即企業從那裏拿到資金，又如何運用這些資金？資金一般來自於兩個方面：一個是借來的，一個是自籌的。

某建材公司經營不佳，企業資金不足，公司的老闆向其親友借款 10 萬元，企業因此增加資產 10 萬元。相應地，銀行存款增加 10 萬元，負債、其他應付款也增加。半年後，企業無法按期償還債務，公司老闆對其親友說:「這部份負債就轉為投資吧，你入股成為我們公司的股東。」由此，該公司原有的負債轉化為資本，而企業的資產負債表兩邊永遠是平衡的。

由此可見，資產負債表首先體現了這兩個平衡關係，一個是資金運用和資金來源，一個是資產等於負債加所有者權益。

從這個平衡關係中我們可以得出三個有意義的結論：

⑴企業經營過程中，一個項目發生變化，一定會導致另一個項目或兩個以上的項目發生變化。如產品售出會引起存貨減少或資金增加等。

⑵當項目涉及資金運作和資金來源兩個方面，或者同時增加，或者同時減少。如供應商到貨，未對貨物進行付款。此時，資金運用中的存貨增加，資金來源中的應付款項增加。

⑶當項目涉及一個方面的資金運用或資金來源，則會引發互爲增減的關係。如動用資金購買原料，資金運用中的貨幣現金要減少，存貨會增加。

同時，資產負債表可以提供企業在某一特定日期資產、負債、所有者權益的全貌，能夠表明企業的資金佔用在那些方面，資金從那些方面取得；可以提供進行財務分析的基本資料，據以計算出各種財務指標。

標準的資產負債表的各種科目背後隱藏了許多管理問題。那麼，如何解讀這張資產負債表呢？

表 3-1　標準資產負債表

單位：萬元

資產	年初數	年末數	負債及所有者權益	年初數	年末數
流動資產：	10110	12790	流動負債：	5185	5830
貨幣資金	2850	5020	短期借款	650	485
短期投資	425	175	應付賬款	1945	1295
應收賬款	3500	3885	職工薪酬	585	975
預付貨款	650	810	應付股利	1620	2590
其他應收款	75	80	一年內到期長期借款	385	485
存　貨	2610	2820	長期負債：	1050	1615
非流動資產：	6790	8060	長期借款	650	975
長期投資	975	1650	應付債券	400	640
固定資產原價	8100	9075	所有者權益：	10665	13405
減：累計折舊	2450	2795	實收資本	4860	4860
固定資產淨值	5650	6280	資本公積	1560	2370
無形資產	90	75	盈餘公積	2595	3240
其他資產	75	55	未分配利潤	1650	2935
總資產	16900	20850	負債及所有者權益	16900	20850

(一)閱讀資產負責表，整體把握企業財務結構

閱讀資產負債表中資產、負債及所有者權益總額的信息，可以從整體上把握企業的財務結構。

1. 資產總額透露的財務信息

資產的總額體現了企業擁有多少資產，以及經營規模的大小。

開公司很容易，大公司叫公司，小公司也叫公司，所以有的公司總經理抱怨說:「我們的公司給我年薪太低，同行某企業的總經理年薪怎麼那麼高？」於是要跟老闆談條件。

實際上，CEO 薪資的高低跟企業經營規模的大小聯繫在一起。經營 10 萬元的小資產和 200 億元的 CEO 的責任是不同的。而 CEO 的薪酬和工作規模聯繫在一起，資產總額就表明了企業的規模。

2. 負債總額透露的財務信息

負債總額是指企業需償還債務的總額，其數額大小表明企業經營的風險大小。小企業一般來說負債很低，融資能力不強。企業一旦做大，往往負債的風險也會增大。小企業面臨的往往是經營風險，例如貨物沒有銷路等；而大企業不僅有經營風險，還會有財務風險。從某種程度上講，大企業經營風險更大，大企業更難做。企業越大，經營規模大，市場產品的共性程度越大，毛利率就越低。而毛利率越低，企業就要更大。因此，越大越空，企業資產滿負荷度不夠，就變成資產過重。所以，做大做強就容易變成做大做垮。

3. 所有者權益總額透露的財務信息

所有者權益總額實際上表明了股東在企業中的利益。所有者權益也叫淨資產，即總資產減去負債。淨資產增加的程度即股東資產增加，實際上直接反映了經營效益的好壞，以及企業的成長性和股東的報酬率。但是，並不能說總資產的增加就一定是股東報酬率提高，因爲總資產的增加可能是負債的增加。有些企業總資產的規模擴充很大，但並不是淨資產增加，而是負債的增加，這種情況下，企業的風險度就會越來越大。

(二)企業的資產

資產計量的意思就是在會計賬上記錄資產值多少錢。在市場競爭時代，產品更新換代很快，產品的價格也在不斷變化，這給資產計價就帶來了困難。8 月採購的電腦是 8000 元，到 12 月此電腦的市場價只是 5000 元了，那麼會計賬簿的計價要不要調整呢？8 月採購的銅棒是每噸 5800 元，同年的 12 月銅棒已是每噸 18000 元了，那麼原材料漲價如此之高，會計賬簿的計價需要調整嗎？

企業資產負債表的左邊是資產，右邊是負債和所有者權益。在資產類裏面，可以看到兩類，一類叫做流動資產，一類叫做固定資產。資產類裏面主要分析的是資產的變現能力，即變成現金的能力。我們可以看到，在資產裏面變現能力的首選是流動資產，流動資產裏面的項目又根據變現能力的程度來排列。現金的變現能力最好，銀行存款加現金，就構成了貨幣資金，貨幣資金的流動性最強、贏利性最弱；其次是應收賬款、應收票據，要看它佔銷售額中的比重是不是很大；第三個要關注的是存貨，存貨是企業管理的重點，其變現能力受市場影響，存貨的準確也影響利潤。把資產負債表中資產上面牽涉的項目分別闡述一下，因爲這背後潛藏的管理問題很重要。

1. 貨幣資金

一般說來，貨幣資金的存量不要過大，只要能夠應付正常的經營活動就可以了。貨幣資金的大小因企業經營的方式而不同。比方說，貿易公司可能存量資金比較大，制造型企業可能會小一些。這同時又跟企業的淡季和旺季有關，貨幣資金的備貨量、儲備量直接跟企業經營的短期經營方式結合在一起。貨幣資金的管理關鍵是加快它的流動性，保證存量以應對需求。

我們發現，不同銀行之間的結算收款較慢，通常需要三天的時間，不利於加快對客戶收款，而同屬一個銀行的企業結算較快，當天即可匯到。於是，我們可以在公司週圍不同的銀行開戶，每次以和客戶企業相同的銀行來收款，以便我們加快收款的速度。

洋人飲料公司會計的辦公桌上收了三張支票，沒有拿到銀行去兌現。這裏的問題是，收到客戶的支票，就是收到了客戶的資金嗎？這位會計人員認為是收到了。這種認識是錯誤的。收到支票只是得到了收款的憑據，只有存入銀行，現金進了我們企業的賬戶，才能是完全收到款項。

由此可以看到，很多企業一方面缺資金，不能支付到期的應付款項，拖欠嚴重；另一方面不加強收款工作，導致企業自己不能有效地循環。

美國 GE 公司(通用電氣)年銷售額為 1600 億美元，平均每天有近 80 億美元調動於全球各公司之間。他們發現，美國銀行每天截止營業時間為下午 16：30。這樣就有部份資金不能及時地進入美國本部賬戶。為此，他們專門在瑞士找到一家可以辦理 24 小時匯兌的銀行，使資金及時地進行週轉，減少被銀行佔壓及資金在途的時間。

2. 應收賬款

所有企業對應收賬款都非常重視。應收賬款的問題，在報表上面與企業的銷售額直接聯繫在一起。比如，企業銷售貨物 100 萬元，當月實現銷售收入 100 萬元，應收賬款爲 50 萬元，也有可能出現應收賬款爲 10 萬元，甚至完全實現 100 萬元的銷售額無應收賬款的現象。應收賬款的大小與企業整個的循環、變現能力直接聯繫在一起。應收賬款的比重佔總額的大小需要引起企業的高度關注。同時，企業還須將應收賬款進行橫向比較，因為僅看單個的數據可能看不出什麼問題。

某鋼板廠今年利潤增加了 50%，銷售額翻了三倍，而應收賬款翻了四倍，企業的投入增加了一倍。這說明，該企業是以犧牲效率換取了利潤的增長，實際上加大了企業風險。

所以，有時單一的銷售額拉升和單一利潤的增長，背後實際隱藏著許多的問題。企業的單個數據，一定要結合關聯度的分析才有意義。

企業還需要對應收賬款進行分類管理，應收賬款的產生直接與企業的客戶選擇以及企業產品競爭力、信用政策聯繫在一起。如果簡單地用應收賬款換取銷售額增長的話，則是一個錯誤的行為。應收賬款在很多企業都是管理中的難題，並且直接給經營者造成了很大的壓力。這和經營觀念不正確，鼓勵措施不得力，有著直接的關係。

為何會有應收賬款？可能會說是行業潛規則，競爭對手欠款銷售，我們也只好跟進；或者說是客戶的要求，不允許客戶欠款會害怕失去客戶，因為應收賬款直接聯繫著銷售。其實，以上這些觀點都是錯誤的。什麼叫應收賬款？應收賬款就是將客戶經營風險轉移到自己身上來的一種方式。這樣一定義，我們就明確了這個風險是否應該我們承擔，是否可以控制在一個範圍之內。

一樁好的生意是不欠款的，應當樹立欠款銷售不正確的觀念。欠款雖然促進了銷售，卻把壞賬的風險都轉嫁到了企業身上。長此以往會導致企業越來越難以經營。

如果存在大客戶欠款，不欠款就有失去這個客戶的危險，那麼企業應當重新考慮選擇客戶的問題。如果一個客戶的採購量超過我們生產量的 25%，就要引起警惕。企業是不能受制於某一個客戶的。大客戶不僅會要求種種價格上的優惠，還會提出種種苛刻的要求。結果，不但沒能給企業帶來效益，反而使企業陷入危險。

長久往來的客戶，不等於沒有風險，不等於是保險箱。既要讓客戶滿意，同時對於可能出現的各種情況要有預控之策。

3. **存貨**

存貨是企業的主要資產之一，存貨核算正確與否直接關係到企業的財務狀況和經營成果能否得到恰當的反映，存貨管理直接表現了企業管理水準的高低。存貨包括原材料、在製品、產成品、低值易耗品、發出貨物委託收款或者分期收款。

⑴**存貨的加工線越長，企業管控起來越難**

企業的投資進入現金，最後現金變成了存貨。一圈轉下來，經過的環節越多，存貨的遺漏點就越多。你的加工線越長、加工的地點越多、工序越長、時間越長，你的管控難度也就越大。

⑵**存貨管理最關鍵的是節點**

什麼叫節點？就是加工點與加工點的連接部位。節點越多，浪費越多，就如生產加工點越多，管理越難。對於過多的生產過程進行精細化分工，可以使單項工作效率提高，但很可能導致整體成本過高，要警惕。生產一個產品可以分成三段時間：準備時間、等待時間和加工時間。需要注意的是，客戶只爲企業的加工時間付錢，另外兩個時間是不產生效益的。但是，一些企業往往不重視這一問題，導致整個存貨過程浪費嚴重。

⑶**存貨總量的降低直接影響經營效率**

企業的整個節點很多，每個節點上面的每個加工點都存留一點，留到最後加起來就是一個龐大的存量。

所以，作爲一個企業管理的重點，存貨管理需要把整個存貨的所有點面控制起來。這種控制是企業精細化管理的一個重要體現。

那麼，這種控制表現在那些方面呢？

比如，外貿服裝廠採取了改革措施：第一，測算 500 台縫紉的機台每隔多長時間生產出來多少產品，和我們後面整熨工序用多長時間燙多少產品進行測算，讓它們之間不要有等待。第二，每個工人一下拿了五六十件衣服放在一邊，會導致整個存量的增加。因此，給他們增加一個輔助工，專門來分發衣服、傳遞衣服。工人根本不用自己把衣服送來送去了。這樣工人所有的時間始終都在製造上，同時又避免了一人佔壓領五六十件衣服的存量，並且保證了後面整燙工序等待加工的時間，從而使整條生產線保持平衡。在這裏，還要考核每個工人佔用的存貨和產生效益之間的比，這樣能使整個生產的存貨量大大下降。

高速公路公司曾經出現這樣一個問題：為什麼非常現代化的路面鋪油機停在路邊不動？原因是後面裝料的卡車跟不上。卡車是把攪拌好的瀝青送過來，由這台設備鋪路。要知道，這台路面鋪油機每一次的停機，都會造成 100 公斤的瀝青料凝結，因此，浪費了大量的資源。

其實，這種浪費完全可以避免。該公司總共有 40 輛汽車，把攪拌機每次出料的時間一算，這邊汽車送料的時間也一算，然後這 40 輛汽車在時間上緊密銜接，確保供貨，保證前後協調起來，這就節約了很多的成本。

另外，高速公路最貴的成本是上面澆鑄的水泥和瀝青。底下的地基是土層，土層如果壓得不平就要用上面的材料彌補。爲什麼不能在壓土層時就將其控制在同一水平面上呢？

該企業認爲，土方的工程是外包給別人的。實際上，企業首先要對土方工程的這一層有品質控制，平鋪在一個水平層面上，才能導致上面最貴的材料使用控制在一條線上，這也叫成本綜合的控制水準。因此，這樣一個存貨管理的水準使得我們的整體成本下降，建議增加對土層地基的水平品質控制人員。這裏似乎是增加了幾個品控人員成本，但卻大大節約了後期高成本的投入，直接跟效益聯繫在了一起。

⑷**存貨損失**

存貨損失是指，貨物發出去了，但由於採取的是分期收款，有可能使貨款收不回來，造成貨物損失。

存貨實際上和我們認爲的一些概念有很大的差別。有些企業銷售貨物並沒有及時開立發票，沒有開票就意味著這些貨物的所有權仍歸屬於企業。發票一滯後，收款再滯後，就會產生存貨管理的真空期。

某服裝公司發出 100 萬元貨物，卻退回來 30%。這樣，企業存貨管理與實際銷售額之間就產生了一個落差。這樣的差額導致了公司將一些存貨視為銷售，而沒有作為內部存貨管理。

如何處理這樣的情況？應該把它作爲內部存貨移庫來處理。比如，該服裝企業把貨物發給了百貨大樓，未開發票。這 100 萬元的貨物，應該在企業存貨產成品的單列項目管理中，但實際上企業財務賬務卻不這樣處理，只是統一在一個大存貨的數字中。這樣導致的情況是，因爲企業沒有開具發票，企業財務未將此款列入應收賬款嚴格管理，而與客戶清款對賬的發貨單又保存在經辦銷售員手上，一旦遺失或人員流動，都會給企業帶來收賬的困難。企業銷售和財務如果有一點管理上的不到位行爲，公司這批貨就損失掉了。同時，企業又沒進行分項管理，特別是在一次性發貨分期收款的情況下。

⑸**期末計價**

存貨期末計量是否準確，取決於存貨數量的確定是否準確和採用何種期末計價原則。資產負債表規定，存貨應當按照成本與可變現淨值孰低計量。存貨成本高於其可變現淨值的，應當計提存貨跌價準備，計入當期損益。

成本與可變現淨值孰低，是指對期末存貨按照成本與可變現淨值兩者中較低者進行計價；即當成本低於可變現淨值時，存貨按成本計量；當可變現淨值低於成本時，存貨按可變現淨值計量。

成本是指期末存貨的歷史成本，即當時採購時的成本。可變現淨值是指在日常活動中，存貨的估計售價減去完工時估計將要發生的成本、估計的銷售費用，以及相關稅費後的金額。

⑹**存貨的盤存**

存貨會損耗，不要認爲存在那裏的東西就很保險。還有一個非常重要的損耗，叫做價格變動損耗。存貨的價格變動也會產生損耗。例如，1997 年，電腦公司因電腦市場價格的浮動，庫存虧損了近億元。

目前，由於企業之間競爭激烈，產品價格變動非常大，所以企業強調零庫存。零庫存是豐田公司發明的即時生產，它要求企業不僅僅要自我加工能力強，還要跟供應商的聯盟關係好，從而讓企業產品在市場上的競爭應變力增強。所以，設安全庫存量適應生產實際上是無奈之舉，存貨的管理應不斷地下壓。因爲一旦有存貨，就面臨損耗的風險。存貨期一長，存貨的環節越多，加工鏈越長，循環越慢，存貨的損失就會越大。

4. 固定資產

累計折舊直接牽扯到當前利潤水準的高低。一般來說，折舊的高低、折舊的方式實際上跟利潤是聯繫在一起的，特別是固定資產數額越大，採取、提取折舊的方式不一樣，就會對當期利潤的影響不一樣。現在股東都傾向於快速折舊。

爲什麼要快速折舊呢？因爲現在企業的競爭越來越激烈，企業對未來的贏利越來越不可預計，因此以加速資金運轉的方式盡可能把企業應該承擔的風險提前釋放，這樣對未來的把握度會更高一些。同樣，折舊的問題直接牽涉到所得稅的徵收。折舊期一旦確定，不可隨意改變，要改變折舊方式，就要報稅務部門批准。現在一般的規定是最快折舊期廠房 20 年、機器設備 10 年、交通工具和電子之類的產品是 5 年。

投資於落後偏僻地區的某實業公司，可以享受所得稅五年減免的優惠。所以，它就應該延長折舊期，使它的利潤快速體現出來。因為在五年期後要徵所得稅，要把更多利潤產出來投入再生產，收益會更好。由於已經給了你這個稅收優惠政策，你還要加速折舊，那就不高明了。因為稅務部門規定的是最短折舊年限，並沒有規定最長折舊年限，所以，新的政策制定之後，必須以董事會名義到當地稅務部門備案。

5.無形資產

不久前，看某企業的財務報表，該企業老闆說：「我們三個人合夥，兩個人出錢，另一個人由於在這個行業內很有經驗，所以他的無形資產佔 30%。」

其實，這個不能算他的無形資產，因爲這個無形資產一定是要經過評估的、有根據的，不是由幾個股東可以獨自約定的。

6.資產結構不同會影響企業的經營方式

企業的固定資產和流動資產的比例不同，會使得企業的經營方式不一樣，也會影響到企業競爭的狀態。比如說，每月 1000 萬元的折舊分攤到 100 台機器或 1000 台機器上，就是 10 萬/台或 1 萬/台，這裏就是 10 倍的差別。顯然，影響非常大。

某啤酒廠剛剛投資了一套新設備，第一年虧損了兩億元。因為該企業採用的發酵罐設備是同行業產量最大的設備，並在投產當年開始進行了分攤，所以它的虧損是固定資產分攤方法造成的。

固定資產投資較大的行業，很容易引發價格戰，因爲降價可能促使銷售增加，由此帶來產量的增加，以引起龐大的固定資產的攤薄，成本下降的幅度大過降價的損失。但行業中的企業都是這樣行動，就不僅不能達到降價增量增效的目的，反而導致整個行業價格下降，行業效益下降，甚至導致整個行業的崩潰，例如 VCD 行業的提前衰退。

再延伸這個問題，航空公司最容易打價格戰。假設空客 400 上面的座位是 400 個，但是它 400 個坐滿和只坐 100 個，中間相差很大。假如坐 100 個人就能達到盈虧的平衡點，坐 101 個人時多出來的一個人就是它的利潤，所以它後面不管打多少折扣都可以保住它的利潤，只不過是賺多賺少而已。因此，它只要降價成功，使得乘客的量足夠的話，就會讓它的量的保證度更高，也就是利潤產生的速度會更快。但前提是，價格必須保證在一定的幅度內。

某服裝企業主要從事出口的褲子生產。該企業的產品成本構成是：面料、人工、輔料，等等。

對於流動資產(直接成本)佔產品主要成本的企業。如上述密集勞力，高材耗的製造工廠和貿易型公司，贏利的關鍵是流動資產的週轉速度及單耗控制。

企業固定資產很大，開工率是第一大問題。而後面的企業固定資產少，最大問題是現場管理降低物料和工時的損耗，加快流動資產週轉速度。這和企業的經營管理水準關係密切。由此可見，兩種不同的資產結構會影響到企業的利潤增長點不同。

某日化公司生產的染髮劑的單位成本是 38 元。該產品的市面競爭對手的價格是 25 元。該企業瀕臨倒閉時，由職業經理人接手。現實情況是，企業已經發生嚴重虧損，產品銷路不暢。作為一個大型的製造企業，如果每月開工五天，折舊分攤就會很高，成本很高，企業產品自然缺乏市場競爭力。如果降價生產，在進行財務核算時，很可能無法賺取利潤。進行研究後，決定將產品價格降到 23 元，讓企業滿負荷運轉。通過很長時間的努力，該企業的財務成本從 38 元慢慢往下降到 15 元，同時加強了企業的存貨管理，減少了存貨積累，企業逐步扭虧為盈。

企業應當面對兩個靜態風險和一個動態風險。兩個靜態風險是：第一，存貨是不是容易變現；第二，應付賬款是不是可以收回來。動態風險是，企業的價格、成本是不是有競爭力。

如果沒有競爭力的話，企業就要降低成本，這就考驗了企業能否承受攤薄以前高成本的風險。

每一個企業的固定資產和流動資產結構都不一樣，會導致企業經營的業態不一樣，經營的方式不一樣，競爭的時候產生的後果不一樣，企業管理者應該下工夫加以認真研究。

(三)企業的負債

企業的負債分成流動負債和長期負債。在流動負債方面，資產負債表是根據負債期的短長排列：短期借款、應付賬款、職工薪酬、長期借款。

1. 短期借款

一般把一年以內的借款稱爲短期借款。短期借款的管理跟企業經營每個階段的變動差異聯繫在一起。短期借款往往是爲了解決流動資金的問題，其最大的風險是到期無法償還。短期借款的另一種風險是銷售回籠不夠理想，一個環節扣不住另外一個環節；或者企業沒有準備長期的流動資金，而要用短期的流動資金去支撐企業的經營。企業對於短期借款的管理水準，體現了企業的理財水準。

在為一家企業做輔導的時候，發現該企業的賬上有 100 多萬元沒有動。於是，就問財務負責人：「你賬面上為什麼有 100 多萬沒有動。放在那裏幹什麼？」

他說：「三個月以後我們有一張到期的 200 萬元借款，所以這 100 萬元存在這裏是為了到時候還這個錢。」

在融資管理上面，你可以一次借分次還，爲什麼要到期還呢？你三個月時把 100 萬還掉是不是可以少交點利息呢？這就是沒有理財頭腦。公司的短期借款如果暫時不用，就及時歸還，以保證資金的流動性。

2.應付賬款

實際上，應付賬款管理中風險最大的是流動性。

某食品廠生產蛋糕等食品，突然被消費者起訴在蛋糕中吃出了蟲子，並被媒體曝光。企業陷入危機，債主紛紛上門逼債：銀行借款未到期就來要賬；供應商則會採取討債行為。

企業的倒閉，往往是被債主逼死的。因此，應付賬款的風險很大，關係到企業的生死問題。關鍵要把應付賬款的流動性控制起來。途徑是建立企業的信用機制。

很多企業都認爲，佔用應付賬款越多越好。因爲比向金融機構借款容易，不用支付利息，資金沒有成本。另外，佔用供應商的資金可以在今後的談判中處於有利地位。這個觀念是錯誤的。應付賬款似乎看起來不要付利息，但企業需要用信譽來爲應付賬款做抵押。應付賬款管理就是管理自己企業的信譽。

企業可以確定付款期，跟客戶和供應商簽好合約：有的供應商是即付的，有的供應商爲兩個月一付，有的供應商是三個月一付，把供應商的管理納入有效的範疇裏面去。但是，選擇供應商不要拿能欠款多少作爲第一選擇要素。如果你的企業以能不能欠款決定進不進貨，這個企業也是有問題的。所以，千萬不能以這種方式來管理。作爲供應商的第一要素是品質，第二要素是交貨期，第三要素才是價格。一般來說，供應商的貨款能按期收到，他就願意和你的企業長期合作，從而形成一個良性循環。

需要特別注意的是，應付賬款應當同時與應收賬款對應起來看。因爲，企業支付應付賬款的資金來源往往是應收賬款。我們看到有些企業是兩頭被卡：一頭是應收賬款收不進，一頭是應付賬款被人家逼。這樣的企業經營遲早是要癱瘓的。

所以，應付賬款的管理要納入企業管理的重要範疇裏面去，一定要做專項管理。

3. 長期借款

長期借款裏面一定要把一年內到期的長期借款列出來，視同短期借款來管理。因爲長期借款的用途一般都是固定資產投資，期限比較長。而到期還款是要用現金還的，企業買的一千萬的設備不一定能產生一千萬的現金。這時，企業要做好準備，如果到期，產生不了一千萬的現金，就要準備在到期之前再融資。因爲，如果到期不能償還借款，就只能處置企業的資產。所以，長期借款裏面一定要把一年將到期的長期借款單列出來，視同短期借款管理，以準備歸還到期現金。

綜上所述，負債的幾個要素主要是根據借款的長短來區分的。負債的問題主要是風險管理，所以對風險的可控程度做提前管理，是控制風險的關鍵要素。

(四) 所有者權益

企業要經營就必須擁有資產。企業的資產從那裏來？或投資人的自有資金，或是外面借來的現金。借錢也好、投資建公司也好，都有一個目的，就是取得收益。因此，債權人和投資人都有他們可以把握的權利，這種權利在會計上就叫權益。權益分爲兩種：一是債權人權益，二是所有者權益。可以說，有資產就會有可以把握的權益，有權益就會有賴以存在的資產。

對於企業，既不存在沒有資產做載體的空洞的權益，也不存在沒有權益作後盾的資產，企業的利益就是所有者的利益。

所有者權益，就是所有者在企業資產中享有的利益，其金額爲企業的總資產減去總負債後的餘額。它既是股東的利益所在，也可以說是企業的淨資產。總資產代表的是經營者的使用權，而總資產減去負債之後的淨資產才是所有權的代表。所有者權益包括實收資本(股本)、資本公積、盈餘公積和未分配利潤等。對於不同的企業組織形式，所有者權益有不同的叫法：獨資企業叫業主權益，股份公司叫股東權益。

實收資本是所有者直接投入的，而盈餘公積、公益金和未分配利潤則是由企業在企業生產經營過程中所實現的利潤留存形成的，因此它們又被稱爲留存收益。企業收到捐贈資產、債務重組等也會形成資本公積。

1.**實收資本**

⑴**什麼是實收資本**

所有者權益的第一個項目是實收資本。所謂實收資本，是投資者按照企業章程、合約和協議的約定，實際投入企業的資本，它是股東的投入，同時也是登記註冊資本。

法律規定，企業實收資本的形式可以多種多樣，有貨幣資金投資，也有非貨幣資金投資，如固定資產投資、原材料等。

實收資本是企業通過接受投資、發行股票、內部盈餘留存等方式籌集資金，形成投資者對企業的所有權，其特點是：實收資本屬於自有資本，能夠提高企業的資信等級和借款能力；實收資本的所有權歸屬所有者，所有者借此參與企業管理並取得收益，同時對企業承擔相應的法律責任；企業可根據經營狀況向投資者支付報酬，企業經營狀況好，可向投資者支付較多的報酬；反之，可不向投資者支付報酬或少支付報酬。所以，實收資本注入企業可以使企業的經營壓力較小，財務風險較低。

有限責任公司是最成熟的合夥經營的形態。在一般的有限責任公司裏面，人數一般是 2 個以上 50 個以內。有限責任公司股東的股本出讓必須要經過其他股東的同意，不能夠私下交易。有限責任公司實際上是爲了保持股東的穩定性，同時也保持經營業態的股權穩定性。這對於小型的企業是比較有利的，而上市公司一般是股份有限公司，它的股東人數就會更多。因此，有限責任公司是比較便於創業的公司。

三個股東合作成立了一家公司。A 股東懂技術、有管道，所以他不出資金，佔公司 30%的股份，另外兩個股東 B 出資 30 萬元，C 出資 40 萬元。三個股東的佔股比例為 3：3：4。但問題在於，就 A 股東來說，並沒有以現金等資產出資，如果公司一旦關閉，他是否能夠立刻分得佔公司股權 30%的現金呢？B、C 兩位股東勢必不能同意。因此，應當明確 A 股東具有的是股權還是分紅權。而在這個案例中，A 股東實際享有的是最後利潤的分紅權，而不是股權。

2. 公積金

⑴公司法定公積金

公司分配當年稅後利潤時，應當提取利潤的 10%列入公司法定公積金。公司法定公積金累計額爲公司註冊資本的 50%以上的，可以不再提取。公司的法定公積金不足以彌補以前年度虧損的，在依照前款規定提取法定公積金之前，應當先用當年利潤彌補虧損。公司的公積金用於彌補公司的虧損、擴大公司生產經營或者轉爲增加公司資本。法定公積金轉爲資本時，所留存的該項公積金不得少於轉增前公司註冊資本的 25%。

⑵**資本公積金**

股份有限公司以超過股票票面金額的發行價格發行股份所得的溢價款以及財政部門規定列入資本公積金的其他收入，應當列爲公司資本公積金。資本公積金不得用於彌補公司的虧損。

3. **未分配利潤**

所有者權益最後一項是未分配利潤。當企業經營效果不好時，未分配利潤可能爲負數，所有者權益的總額少於實收資本，股東的權益就受損了。

未分配利潤的使用有兩個方向：一是股東分配，必須是在所得稅後的分配；二是再投資增加實收資本。有些地方的稅務政策鼓勵再投資，如再投資可以退回已繳所得稅。

大家從資產負債表上可以看到，企業經營的風險是由股東承擔的，而不是由經理人在承擔。而股東承擔的具體表現就是在未分配利潤之中。資產負債表中的所有者權益，實際上就是企業的淨資產，即總資產減去負債的餘額。

F 公司的投資改變了原來所有者權益的結構。如下表所示：

表 3-2 所有者權益結構變化表

單位：元

所有者權益項目	新投資者進入前的金額	新投資者進入後的金額
實收資本	800000	1000000
資本公積	0	100000
盈餘公積	100000	100000
未分配利潤	50000	50000

A 公司是經 B、C、D、E 四位投資者各投資 200000 元建立起來的，盈餘公積為 100000 元，未分配利潤為 50000 元，本年經協商同意 F 公司投資 300000 元並佔有 A 公司 20%的投資比例。因此，F 公司的出資額中，200000 元為實收資本，另外 100000 元為資本公積(資本溢價)。

(五)所有者權益與負債的區別

所有者權益與負債之和構成公司的資產總和，二者區別的核心主要是實收資本與長期負債之間的區別，主要表現在以下幾個方面：

⑴實收資本是永久投資，是一種債權人的投資，屬於無期限的債務；而負債是有期限的，借款期限時間再長也是臨時的，到期要歸還。

⑵實收資本收益是不確定的。公司利潤的大小決定投資人的收益多少；負債的收益是由利率的大小決定的，與公司的利潤無關。

⑶實收資本的計價是按歷史成本計價的，負債計價時是有合約制約的。

三、如何分析利潤表

大家都喜歡看利潤表，最喜歡看最後一行，但是，分析利潤表不能這樣簡單地看，一定要看利潤從那裏來，到那裏去。企業雖然是爲了最後這個數字而經營，但是如果你不知道它是怎麼來的，也不會知道它是怎麼失去的。

(一)利潤表簡介

1. 主營業務收入

表 3-3 爲一張利潤表，也叫損益表。利潤表的第一行叫主營業務收入。主營業務收入是已經扣除了稅金的收入。主營業務收入減去主營業務成本(對於制造型企業來說,它的生產成本也就是銷售成本，爲主營業務成本)的數字爲毛利。

表 3-3　利潤表

編制單位：2009 年 12 月　　　　單位：萬元

項　　目	行次	本月數	本年累計數
一、主營業務收入	1	7500.00	21000.00
減：主營業務成本	2	5300.00	15000.00
二、主營業務毛利	3	2200.00	6000.00
加：其他業務利潤	4	25.00	150.00
減：主營業務稅金及附加	5	487.00	1200.00
減：營業費用	6	800.00	3000.00
管理費用	7	700.00	1600.00
財務費用	8	100.00	150.00
三、營業利潤	9	138.00	200.00
加：投資收益	10	10.00	10.00
營業外收入	11	20.00	20.00
減：營業外支出	12	10.00	10.00
四、利潤總額	13	158.00	220.00
減：所得稅	14	17.00	34.00
五、淨利潤	15	141.00	186.00

2.毛利的決定因素

⑴毛利主要取決於行業

毛利主要取決於行業，個別取決於企業內部的運作效率。不同的行業，就會帶來不同的毛利率。比如說，傳統制造型企業和高科技企業的毛利率就不同。傳統制造型企業的毛利率很難達到 50%～60%，行業的平均水準基本是 20%～30%，而有些企業，比如日本的製造企業的毛利率就更低。

⑵毛利率與競爭性相關

當行業的生產者比較少，競爭度不大時，毛利率就高。比如，以前的小五金、小家電、服裝拉鏈等的毛利率都比較高。而競爭使得企業的毛利率趨於平均化。例如，在個人筆記本電腦需求量較少時，它的毛利率很高；需求越多，生產者越多，激烈的競爭就拉低了毛利率。因此，企業的毛利率與競爭有關。

⑶毛利率與企業經營方式相關

比如，生產型的服裝企業的毛利率與品牌型服裝店、加盟店、專賣店等相比，毛利率較低。因爲，品牌型服裝店、加盟店、專賣店還要承擔較高的行銷成本。

又如，保健品行業的毛利率非常高，達到 85%以上。但該行業的淨利潤並不很高，原因在於這個行業需要投入大量的行銷費用，特別是廣告費很高。

再如，女性用的化妝品，需要投入大量的消費者溝通成本。

因此，產品不同，企業的經營方式、形態不同，毛利率也不同。毛利率的複雜程度就在於此。

某公司生產的 DVD 放映機由於市場競爭激烈導致毛利平平，但為了提高銷售，卻去開設專賣店。做大不成，反而導致業績負增長，利潤損失，企業陷入困境。所以，產品的成本結構應與銷售的模式相匹配。

⑷毛利率和存貨週轉率相關

一般情況下，毛利率高的企業，存貨週轉率也非常快。例如，A 爲一個古式傢俱店、B 爲一個速食式便利超市。A 店出售一套仿古傢俱可能需要幾個月時間，而一套仿古傢俱的毛利率就高達 100%，6 個月庫存才能週轉一次。而便利超市的庫存一定不超過七天，而毛利率卻只有 3%。由此，你可以看到存貨週轉率跟毛利率關聯緊密。

當今大部份企業都處於成熟行業中。企業間的毛利率比較平均，因此，企業的利潤率最終就取決於企業內部的經營成本控制能力。當然，有的人說：「我毛利率低，但我的量夠大，我的毛利額也可以很高。」這是對的。所以，不能簡單地看毛利率，還要看毛利額。

當然，如果你賣的貨毛利率特別高，週轉率又特別快，真應該爲你鼓掌，但這樣的企業太少了。一般來說，企業存貨週轉率和毛利率有很大的必然關係，而毛利率跟企業內部經營管理中的生產和運營有很大關係，如果是貿易公司還和進貨成本關係密切。

3.營業費用、管理費用和財務費用

在利潤表中，主營業務毛利加上其他業務利潤，減去主營業務的稅金和附加，就是利潤表中的三項費用：營業費用、管理費用和財務費用。

⑴營業費用跟行業形態有關

營業費用對於生產企業來說，即銷售費用，只是可控成本中的一部份。貿易型公司的可控成本是營業成本，因此需要強化管理營業費用，甚至要強化到業務單位和個人身上。營業費用跟整個行業經營的形態有關。來料加工的企業營業費用很少，而行銷型企業的營業費用則很高。

⑵**管理費用與企業發展階段有關**

管理費用與企業發展階段有關。比如，有些外資企業剛進入外國市場時，因爲外籍高層管理人員比較多，支付的費用較高，所以企業的管理費用成本會很高。還有一種情況是，企業進入快速發展階段以後，管理費用隨著管理的跨度和難度的增加，直接表現爲管理費用成倍上升。

⑶**財務費用與企業不同階段的融資風險聯繫在一起**

財務費用跟企業在每個階段的融資風險是聯繫在一起的。產生融資行爲，所以財務費用就會發生，就產生了財務風險。

4.**利潤表的解讀公式**

圖 3-2　利潤表的解讀公式

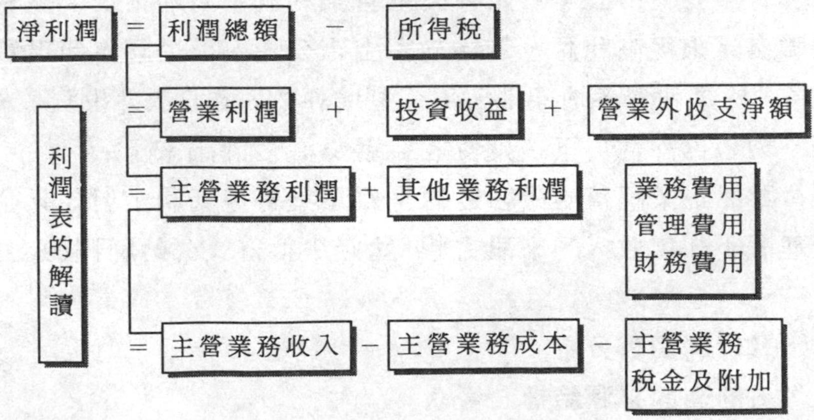

營業費用、管理費用和財務費用，這三項費用構成了企業經營的總成本。扣除這部份費用後，即得到主營業務利潤。主營業務利潤再加上投資收益、營業外收入，減去營業外支出，就構成了利潤總額。利潤總額減去所得稅，就構成了淨利潤。

看企業就要看它的利潤來源，通過分析利潤表，就可以分析出企業的利潤來源。

分析企業贏利能力的方法如下：

第一，看它的淨利潤，看它的淨利潤是從那裏來的，主營業務利潤是否是它的總利潤的主要來源；

第二，看它支撐主營利潤的項目規模在同行業是否名列前茅，是否具有競爭力。

某上市公司請財務顧問分析公司的報表。顧問發現，該公司的主營業務利潤是 800 萬元，而淨利潤卻高達 10900 萬元。問題在那裏呢？其問題在於，該公司的主營業務贏利能力很弱，主要就靠投資收益來提高企業的整體利潤。

有一些上市公司，如果發生營業利潤不足的情況，就利用關聯交易來提高利潤。C 爲一家上市公司，該公司本年度利潤不高，於是就到各地圈地，通過土地評估，獲取額外投資收益。再不夠，再評估一下，投資收益就靠評估評出來了。

雖然企業經營的最終目的是爲了獲得淨利潤，但如果企業管理者不知道收入的來龍去脈，就無法獲得長久的利潤源支持。

(二)利潤表分析

1. 利潤的來源結構

利潤主要有兩個來源，一是銷售收入的增加，二是費用成本的下降。

⑴銷售收入的增加

銷售收入是銷量和售價的結合。當銷售收入為一定時，同一類型的企業也會產生不同的淨利潤，這就是與每個企業自身的費用控制能力相關，進而與每個企業的管理能力密切相關。

⑵成本控制

控制成本主要分為兩個方面：一是生產成本，即內部的加工成本；一是經營成本，即外部的溝通成本。這兩部份構成了總成本。所以，成本的控制力非常重要。

2.利潤表所反映的問題

從利潤表上，可以反映出以下四個問題：

⑴衡量經營成果

利潤表可以衡量企業的經營成果。利潤包括月利潤和年度利潤。我們看利潤的時候還要衡量它的未來發展趨勢，不要用短期檢驗成績的方式來衡量一個長跑運動員的成績。

⑵評估經營風險

企業利潤的構成可藉以評估其經營風險。企業利潤主要來源於營業利潤，其中，主營業務利潤最關鍵。企業對外投資風險較大，其收益的穩定性相對較差。營業外收入是偶然利得，不能依靠其來增加利潤。如果企業的整體利潤主要來自於投資收益，由於投資收益具有不確定性，因此風險較大。

⑶衡量企業是否依法納稅

利潤表可以衡量企業是否依法納稅，這與企業的發展週期有一定的關係。

⑷考察企業獲利能力的趨勢

當整個行業的毛利率開始下滑、整個淨利潤開始往下降的時候，需要引起企業的高度注意。這是一個漸變的過程，所以，你要依據利潤表來判斷企業獲利的能力以及未來的趨勢。

3. 會計利潤與收益

對於一個經理人來說，需要用現有價格來核算進貨成本，以正確判斷企業贏利的能力，判斷發展趨勢，調整經營的策略。這種收益在會計利潤表上是無法體現的。

某公司發生的業務如下：

第一，年初用現款購進了存貨 10000 件，每件 10 元；

第二，6 月 30 日銷售存貨 6000 件，每件售價 14 元，同時以每件 11 元的價格購進相同的存貨 4000 件；

第三，12 月 30 日銷售年初存貨 3000 件，每件售價 15 元，同時，存貨的市場價格為每件 11.5 元；

第四，公司本年度的薪資等管理費用 20000 元。以會計利潤方式核算銷售成本：

6 月 30 日銷售成本：6000 件×10 元/件＝60000 元

12 月 30 日銷售成本：3000 件×10.5 元/件＝31500 元

合計：銷售成本＝60000＋31500＝91500(元)

以收益方法計算銷售成本：

6 月 30 日銷售成本：6000 件×11 元/件＝66000 元

12 月 30 日銷售成本：3000 件×11.5 元/件＝34500 元

合計：銷售成本＝66000＋34500＝100500(元)

從表 3-4 可以看出，該企業的淨利潤可以達到 17500 元，但是收益卻只有 8500 元。原因在於，會計利潤是按照加減平均法計算銷售的產品成本，而收益是按當期的存貨價格來結轉。

表 3-4　公司的會計利潤與收益

單位：元

內　　容	會計利潤	收益
銷售收入	129000	129000
減：銷售成本	91500	100500
管理費用	20000	20000
淨利潤	17500	8500

安林造紙公司發現其所用原材料木漿價格不斷上漲。木漿在去年上半年的時候是 3400 元/噸，今年已經漲到了每噸 8400 元。如果一個企業在去年的存貨多 100 噸，那麼相應的利潤就增加，因為原來的存貨大大拉低了現有成本。如果以現行價格買進該筆存貨，企業的利潤就會大大減少。企業賬面利潤是會計核算利潤，但這筆會計核算利潤並非真正的收益。

四、資產負債表與利潤表之間的關係

從圖 3-3 看，企業 2005 年年末資產爲 16900 萬元，負債爲 6235 萬元，所有者權益爲 10665 萬元。

能夠直接體現一年努力的是損益表。損益表中，收入減去費用等於 9965 萬元，其中股利爲 7225 萬元。所以，所有者權益的增加，一定會讓總資產增加。但是，總資產增加，不一定是所有者權益增加。當然，還有一種情形，將所有利潤全部派分給股東，或者將利潤歸還負債，這又可能導致下一年度的資產下降。

圖 3-3　資產負債與利潤表之間的關係

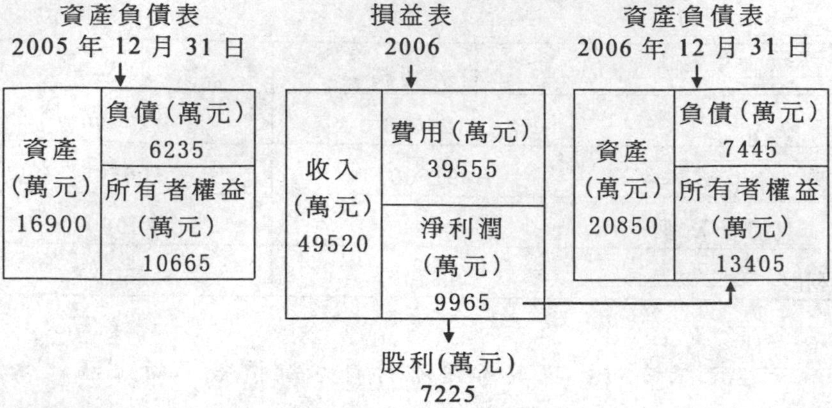

某機械公司 2005 年底總資產為 28000 萬元，2006 年底總資產為 35800 萬元，總資產淨增了 7800 萬元。但公司所有者權益 2006 年度淨增 1400 萬元，負債則淨增了 6400 萬元。淨負債的增加也意味著財務風險的提高。

五、管理損益表中的信息

在標準損益表中，可以從毛利率、銷售成本、三項營業費用等因素中分析利潤的來源。但對於企業經理人而言，標準的損益表提供的信息量還不夠，主要原因是，它對利潤來源的拆解不夠清晰。企業在日常管理當中，希望能夠有更豐富的信息來幫助發現利潤的來源，通過利潤的分解因素來掌握更多的信息，這就需要我們編制一張管理損益表(如表 3-5)，它將提供企業所需的大量信息，幫助我們掌握日常管理中的諸多要素。

表 3-5　A公司管理損益表

單位：萬元

項目	上年數	比率	本年數	比率
生產量　單位：噸	60		70	
銷售量　單位：噸	50		61.25	
產品銷售收入	37500		49000	30.67%
單位售價	750		800	6.67%
減：銷售稅金及附加	1875		2450	
減：變動成本	15500	41.33%	18975	38.72%
直接材料	8835		10816	
輔助材料	775		948	
能　　源	2790		3416	
包裝材料	775		948	
直接人工	2325		2847	
貢獻毛益	20125	53.67%	27575	56.28%
減：固定成本	7000	18.67%	8525	17.40%
間接人工	3500		4000	
折　　舊	280		345	
其　　他	3220		4180	
銷售毛利	13125	35%	19050	38.88%
加：其他利潤	80		100	
減：銷售費用	1575	4.20%	1750	3.57%
管理費用	2450	6.53%	2750	5.61%
加：其他業務收入	275		420	
息稅前利潤	9455	25.21%	15070	30.76%
減：財務費用	165		195	
利潤總額	9290	24.77%	14875	30.36%
減：所得稅	3065		4910	
淨利潤	6225	16.60%	9965	20.34%

(一)生產量與銷售量

生產量和銷售量，這兩個是數量計量單位而不是金額計量單位，用數量計量單位的原因是爲了讓管理者能掌握產銷平衡。對企業而言，最痛苦的一件事情莫過於生產和銷售不能匹配。這種產銷的不平衡會導致「供不應求」或「供過於求」。

1.為什麼企業經營的難度越來越大

當今企業適應市場難度加大，主要原因是消費者要求變化的速度越來越快，消費者要求企業最好做到多品種、少批量、快交貨。

⑴多品種

眾所週知，現在是一個個性化需求的時代。消費者要求的多品種，實際上不是要求企業大量的製造，規模生產已經不能滿足客戶的多樣化需求。這就給很多標準型的產品製造，特別是消費品的標準型製造帶來了很大的困難。

⑵少批量

少批量由兩個因素決定：首先是目前的人口總量在減少，相對應的是多品種的每一次的需求量在減少，因爲人們的選擇餘地非常大。比如，同樣是爲了解渴，我們既可以喝茶、可樂、礦泉水，也可以喝茶飲料或者果汁。由於可供人們選擇的產品非常豐富，而每次需求的量並不多，所以要求企業少批量生產。

⑶快交貨

消費者希望企業能夠快速滿足他們的需求，所以速度成了很多企業經營的生死關。速度體現了企業要滿足消費者的即時性需要。當消費者可選擇的品種豐富後，對企業提供產品的速度要求也隨之提升。當消費者選擇你的企業時，如果你不能提供快速的服務，那麼他們會馬上選擇其他的企業。所以，企業必須以更快的速度去滿足消費者的要求。同時，企業也只有加快速度運轉，才能降低整體的營運成本。

2.解決企業經營難題的方法——即時生產

⑴即時生產(JIT)與柔性生產

在消費者要求企業多品種、少批量、快交貨的前提下，日本豐田汽車公司發明了即時生產(Just In Time：通過生產的計劃和控制及庫存的管理，追求一種無庫存或庫存達到最小的生產系統)，使同樣一條生產線可以生產多個品種。比如，通用公司在大型商務轎車——別克的生產線上生產小型家用車——賽歐。這樣，賽歐的成本就降下來了。

⑵發明即時生產的背景

生產流程線最初是由美國福特汽車公司發明的，最初的生產線很簡單，一塊木板底下擺兩個車輪子，前面有兩個工人拉著走，所有生產的工位都順著這條線依次排列，所以產品組裝的速度得以加快，結果福特把當時生產的一款黑色 T 型車的成本降到了最低。當時，福特就提出了這樣的口號：「造全美國人買得起、用得起的汽車。」

當一個產品處於起步階段的時候，大規模、標準型的製造能夠實現消費者對於簡單功能的低成本需求。但是二戰以後，工業已經成熟，新興的年輕人紛紛追求個性化。而企業的規模化生產使得產品之間的差異度並不大，消費者期望企業能夠滿足他們的個性化需求。比如，當時的汽車顏色大多為黑色，隨著消費者生活水準的提高，他們願意多花一些錢，購買一輛其他顏色的汽車，以使自己與眾不同。於是，多樣化的生產隨著時代的發展應運而生。其典型的一個例子是，美國底特律七家小型的汽車公司合併組成了一家通用汽車公司。通用汽車的典型特徵，就是用多品種來滿足不同的客戶群的需要。

⑶既要柔性又要效率的戴爾

既要柔性又要效率，是企業在生產上面感覺最痛苦的事情。戴爾公司的生產速度很快，但是戴爾的生產速度究竟快在那些地方呢？

戴爾的倉庫是立體型的現代化倉庫，倉庫裏面全部都是電子化控制，所以倉庫中零件選擇會很快。如果從現代的生產理念來講，戴爾每一款電腦的生產都太麻煩了，因爲它的每款電腦都是定制的。所以，戴爾電腦的每一個底座上面都會有一張卡片，上面記錄著誰要用那種型號的底座、CPU、顯卡等信息。這張卡片做好以後，整個電子倉庫的檢索就會完成，客戶定制的電腦會在環導形裝配線上面流轉，從安裝機座的環節流到安裝 CPU 的環節。這樣就實現了既要柔性又要效率。

日本又回歸到一種傳統的認識。比如，日本的佳能公司就提出了最高效率的生產不是把一台機器在每一個時間點上分拆開來，而是一台機器從頭到尾由一個人組裝。因爲，每一次環節分割的中間都會有等待的時間和準備的時間，這就形成了浪費。只有處於裝配、生產的時間，才是有價值的工作。但是，無論是分工合作，還是一人從頭做到底，企業都要積極面對和解決柔性和效率兼顧的難題，否則企業就無法滿足消費者高性價比的要求。

⑷從客戶出發重組企業的經營與管理

有一家專門生產釘子的五金工廠。沃爾瑪公司的採購人員對這家工廠的負責人說:「我們要採購你的釘子，但是光有這些釘子還不行，因為消費者在日常的生活中需要的是一個工具箱，裏面不僅要有各種尺寸的釘子，還要有其他的一些小工具。」起初，該廠負責人對這一要求很苦惱，但轉換思維後卻發現，這裏面恰恰有一種商機。於是，該廠不僅自己繼續生產釘子，還採購其他工廠生產的小工具，然後組合成一個小的工具箱供應給沃爾瑪。由此可見，這個五金工廠實際上變成了給客戶提供解決方案者，而不是簡簡單單生產釘子的製造工廠。

比如，一家做電動工具的工廠給德國提供衝擊鑽。這種衝擊鑽主要是供人們在家庭中使用的。那麼，這家工廠就不能簡單介紹自己的電動工具有那些功能，使用起來如何如何好。實際上，客戶購買的並不是你的電動工具，他們所需要的只是一個洞。這家工廠首先要明確自己生產的電動工具可以打那一類的洞，然後還要幫助客戶組合其他的鑽頭。所以說，這家工廠不是簡單賣工具，而是賣給消費者如何打洞的方案。

這個思路轉換過來之後，我們就會清楚，企業的生產僅僅是客戶需求的一種表現，企業的根本任務就是給客戶提供解決方案。企業要考慮到客戶的那些需求是最重要的，然後再回過頭來改善自己的不足之處。我們經常聽到一些企業老闆抱怨說:「哎呀，現在的客戶特別難搞定，我們的工廠都不知道怎麼去做了。總之，越做越不像那麼回事兒。」但這就是社會發展的要求。再加上現在網路經濟的巨大功能，消費者掌握的信息量越來越大，其選擇面也就越來越廣，對產品知識的瞭解程度和與企業的談判能力也越來越高。當消費者掌握的信息量較少時，企業可以對消費者說:「我教你怎麼做。」而消費者掌握的信息量一旦增多，就變成了消費者對企業說：「我要你怎麼做。」所以，企業一定要從客戶那裏找自己的問題。同樣，整個財務結構也要放在市場競爭中去設計。

⑸**產銷量平衡管理**

管理損益表列入產銷量指標，就能幫助經營者來平衡管理。

生產量並非是越多越好。我們總是把產量拉得很高，一是因爲考核產值之需，二是因爲大批量地連續生產，可以將生產成本壓低，在核算成本的時候，滾動成本就會降下來，短期利益會顯得很高。但問題是，這種大規模的生產如果不能與銷售匹配，就可能會使企業出現生產越多呆滯品越多的情況。考慮到這一弊端，有的企業開始實行即時生產。

如果不大規模、標準化地生產，企業就沒有效率可言；而如果實行即時生產、訂單作業，企業雖然有了柔性卻有可能犧牲了效率。因此，這裏面就有一個平衡的問題。但是，不管怎樣，如果你不能讓客戶對產品產生購買的衝動，就不可能讓自己的企業進入一個良性的循環。因此，生產量的控制要達到一個產銷平衡度。

就管理損益表來講，產銷量的平衡管理中，預測管理比事後的統計更重要。企業要根據市場的變化來做銷售的預測。如果企業的市場研究部門工作做得不夠細、銷售預測不準確，整個生產運作環節的負擔就會加重，採購、製造、備貨等流程都會發生很大的變異，從而導致企業內耗的增加。在企業毛利率平均化了的今天，要想賺到錢就要靠企業內部的效率管理。所以，企業在日常的管理中，要重視預測管理。

(二)產品銷售收入

1.企業為什麼會打價格戰

⑴價格戰不一定會提高銷售額

有的企業認爲，只要價格一降，銷量就會上升。所以，一些企業喜歡用降價來喚起銷量的增長。但是，銷量上升就一定意味著銷售額會上升嗎？不一定。產品銷售收入是銷量和售價相乘的結果。如果企業的銷量上升而售價下降，那麼不一定會帶來銷售收入總量的增長。

⑵價格戰不一定會提高市場佔有率

企業打價格戰還有一個目的，就是試圖提高產品的市場佔有率。但是在市場上，市場佔有率的提高也是不一定的。比如，今年市場需求總量爲 10 億元，但是明年的需求總量可能是 20 億元，即使企業明年的銷量增加也並不代表其市場佔有率就增加了，因爲市場佔有率是一個相對的數字。例如，企業今年的市場佔有率爲 10%，銷量從去年的 3000 萬元增加到了 6000 萬元，那麼企業的市場佔有率肯定上升了嗎？不一定。如果今年的市場總量也同比上升的話，那麼企業的市場佔有率還是沒有增長。所以，企業的銷售總量上升並不意味著市場佔有率的增長，因爲市場上很多產品的市場需求是呈爆炸型的。比方說電腦，如果電腦生產企業市場銷量的相對增長慢過於整個市場容量的擴充，那麼實際上它的市場佔有率是在減少。

⑶價格戰不一定會降低生產成本

有的企業認爲，產品降價可以提高企業的生產利潤。因爲產品降價，銷量增加，企業的生產規模就要擴大，生產成本也就降了下來。它們可以利用這種規模化的生產優勢來跟供應商談判。但是，企業需要明確的是，並非所有的成本都能夠降到零，這個成本下降的空間是有限的，不會永遠降下去。

規模化的生產確實可以把沒有攤掉的固定資本充分地攤銷，生產成本就會降下來。但是，如果企業的同類生產線都是滿負荷的話，生產量的增加，實際上預示著固定資產投入的增加，折舊量的增加，以及分攤進去的固定成本的增加，所以，企業的生產成本還會跳起來。另外，新增產能也會帶來管理能力及熟練工人等諸多方面都跟不上發展。

⑷價格戰不一定會獨佔市場

有的企業認爲，打價格戰可以把競爭對手幹掉，從而獨佔整個市場。這種想法非常天真。因爲，當整個市場需求旺盛的時候，競爭對手可謂是「野火燒不盡，春風吹又生」。

就目前的水泥行業而言，爲了提升企業競爭力，很多有實力的企業紛紛擴大產能的規模，提高懸窯水泥比重，讓落後的立窯水泥逐漸退出市場。儘管如此，現在產量在五萬噸左右的小水泥廠還是如雨後春筍般湧現。只要市場有需求，它就開工；等市場價格回落，它又馬上停工，這就如同一群野狼和一頭獅子在打鬥，獅子未必就能贏。再加上目前的物流成本很高，如果需要在兩地之間長途運輸，便會抵消掉企業的成本優勢。而且產品同質化嚴重，消費者難以辨認。在這樣的情況下，往往就會出現「東方不亮西方亮」的情況。

實際上，價格戰的背後是成本。因此，當你的成本沒有低於競爭對手 20%～30%的話，你打價格戰是沒有底氣的。我們曾經在消費者中做過這樣一個測試，當企業產品的價格低於競爭對手 20%時，而品牌差異度如果不是很大的話，消費者是有可能改變消費的。

發展中的市場，消費者對品牌的忠誠度並不高，這個時候用簡單的價格競爭辦法，可以在短期之內取得成效，但是隨著消費者對品牌識別度的提高，這種價格戰的作用力會逐漸降低。我們可以看到，在市場打價格戰往往最後並非是把別人打倒，而是把整個行業的利潤都拉了下來，讓整個行業活得都很艱難，以致最後整個行業被摧垮掉，例如 VCD 行業。所以，企業應該著力在消費者需求上面動腦筋，然後瞄準一個市場目標，去爲這一類客戶服務得更精深。這樣才符合企業長遠發展的需求。

2.售價

通過管理損益表來考慮銷售收入，不能簡單地只考慮銷售收入的具體額度，還要考慮另外一個指標——售價。企業管理者應該清楚售價是怎麼變化的，因此，還需要繪出一張售價的變化趨勢圖。

3.變動成本

變動成本是管理損益表中的一個新指標。原來，我們把成本分爲流動成本和固定成本，而在管理損益表中，就變成了變動成本和固定成本。那麼，什麼叫變動成本呢？變動成本就是發生在產品上的直接成本。直接成本只包括與生產製造有關的成本，不包括行銷管理成本。變動成本包括直接材料、直接人工費、直接輔助材料、直接能源和直接包裝材料。比方說，生產一件衣服所需要的面料、線、紐扣、水、電、人工等費用。也許，你不知道生產一件衣服的成本，但是卻能準確地計算出其直接成本。

直接成本跟生產量是沒有關係的。因此，要瞭解變動成本就要首先掌握這個產品的直接成本，它能夠幫助我們做出一個很重要的判斷。我們給一個產品定價時，定的最低價格就是它的直接成本。如果高過這個直接成本，那麼就開始對分攤固定成本有貢獻。比如，一套西裝的直接成本可能是 1000 元，那麼，我們給它的定價至少要大於 1000 元。

(三)貢獻毛益

1. 間接成本

除了變動成本，還有一個間接成本因素。

企業產品的製造成本包括直接成本和間接成本。直接成本，是指直接的人工、材料及能源、耗材、包裝物等。間接成本，是指廠房、設備折舊，及不能計入直接成本的製造費用。我們把直接成本和間接成本加在一起，然後和售價相減，得出來的是毛利。我們往往會用毛利來進行定價。通過這一案例，我們要考慮一個新的問題：以毛利做價格決策依據是否科學？其實，這是會計核算給經營決策帶來的偏失。

假如你是一家服裝廠的總經理，你廠生產的西裝毛利率是 20%，今天你跟外商談生意。外商對你說：「我一個月定你 20 個貨櫃，共 20 萬件，需要降價 30%，你做不做？」你打電話問你的財務經理，財務經理說;「不行，毛利率只有 20%，而降價卻高達 30%，虧 10%，不做！」因此，你就放棄了這個訂單。那麼，這種決策正確嗎?

2. 用貢獻毛益來衡量產品

假如公司有 A、B、C、D 四種產品。A 產品的毛利率是 10%,

單位售價是 100 元，單位成本是 90 元，那麼其單位利潤是 10 元；B 產品的毛利率是 20%，單位售價是 108 元，單位成本是 90 元，那麼其單位利潤是 18 元；C 產品的毛利率是 30%，單位售價是 124 元，單位成本是 95 元，那麼其單位利潤是 29 元；D 產品的毛利率 50%，單位售價是 150 元，單位成本是 100 元，那麼其單位利潤是 50 元。

表 3-6　某公司產品貢獻比較

假如某公司有以下產品：				
產品	毛利率	單位售價	單位成本	單位利潤
A	10%	100	90	10
B	20%	108	90	18
C	30%	124	95	29
D	50%	150	100	50
你認爲那一種產品對公司最有貢獻？				

以上這四種產品中那一個對公司貢獻最大呢？

從毛利率的角度看，D 產品的毛利率最高，難道就能說明它對公司的貢獻最大嗎？其實未必。因爲這裏面還涉及一個銷售量平衡的問題。實際上，我們不應該用毛利率來比較一個產品的利潤貢獻，而應該用貢獻毛益的概念來進行比較。

比方說，四個人去扛一根 1000 斤重的木頭，這四個人的力氣大小各異。其中，一位女孩子的力氣最小。難道因爲這位女孩子的力氣小就可以不讓她扛了嗎？實際上，如果不讓這個女孩子扛，那麼另外三個人受到的壓力會更大。所以說，只要這個女孩子的身體是健康的，她能夠站起來扛東西，那怕只能扛

100 斤，甚至 10 斤，都對扛這根木頭有貢獻。

但是，公司會計在計算的時候往往採用分攤的方式，把 1000 斤分攤到這四個人身上，每個人平均要分攤 250 斤，而這位女孩子只能扛得動 100 斤，於是就簡單地認爲她對工作是沒有貢獻的。實際上，這種觀念是錯誤的。我們不能夠以這種分攤的方式，也就是說不能用毛利率來衡量一個產品的貢獻度，而要用貢獻毛益來衡量，即用售價減去直接的成本得出來的數額只要大於它的直接成本，就說明它對公司總成本的分攤是有貢獻的。因此，判斷一個產品是不是具有競爭力，要看它是否在貢獻毛益上對公司間接成本的分攤有貢獻。

外商要向你訂 20 萬件服裝，假如公司有剩餘的產能，我們首先要看外商要求的價格降價 30%後的成本是否超過了產品的貢獻毛益。如果沒有超過，再加上我們有富餘產能生產的話，我們就會攤薄間接成本，使單位間接成本下降，因此，你就有可以接這個訂單。這裏面的判斷依據是貢獻毛益，或者稱爲邊際效益，而不應該是毛利率。

表 3-7　某公司產品邊際貢獻比較

邊際貢獻產品	毛利率	單位邊際效益（售價－變動成本）	銷量（台）	邊際貢獻（萬元）
A	10%	100－45＝55	20	1100 ★
B	20%	108－40＝68	10	680
C	30%	124－40＝84	5	420
D	50%	150－40＝110	3	330
合計				2530
利潤＝邊際效益－總固定成本費用 1530＝2530－1000(萬元)				

再看表 3-7 中的四種產品中，A 產品雖然毛利率僅是 10%，但是它的貢獻毛益是 55 元，儘管它的毛利率低，但銷量很大，其邊際貢獻額也就最大，所以它才是企業最好的產品。大家要明確這樣一個概念：我們不要去看產品毛利率的高低，而是要看產品邊際貢獻額的大小，用邊際貢獻的概念來給產品進行定價。

3.如何計算和深化邊際貢獻額

不能僅從毛利率的角度來判斷產品的好壞，而要借助邊際貢獻額這一指標。只有邊際貢獻額最大的產品，才是企業最好的產品。那麼，邊際貢獻額是怎樣計算的呢？

可以通過管理損益表，用產品售價減去它的單位變動成本，再乘上它的銷量，就是邊際貢獻額。

但是，我們如何去深化邊際貢獻額這一概念呢？比方說，案例中公司整體的固定成本費用是 1000 萬元，如果該公司生產的 A、B、C、D 四個產品的邊際貢獻額總和加起來超過了 1000 萬元，那麼超過的部份就是利潤。A、B、C、D 中的任何一個產品只要有邊際貢獻額，不論額度大小，都爲公司分攤這 1000 萬元的總間接成本作出了貢獻。

我們在對企業產品進行價格管理中，要對產品的各項成本分類，特別要區分直接成本和間接成本，並計算出每個成品的邊際效益，由此進行企業產品的價格管理。

⑴虧損產品可以停產嗎

①問題

某公司生產 A、B 兩種產品。今年開始 B 產品銷售不暢，售價下降。根據會計人員所提供的資料，B 產品每月虧損 3 萬元左右。於是，公司管理層決定停止生產 B 產品。可是令人費解的是，自停產以後的那個月起，該公司的總利潤不但沒有增加，反而減少了 5 萬元。這是爲什麼呢？

表 3-8　某公司 A、B 產品資料

單位：萬元

產品名稱	A 產品	B 產品	合計
銷售收入	36	18	54
變動成本	21	13	34
固定成本	9	8	17
營業利潤	6	-3	3

表 3-9　某公司停產 B 產品後 A 產品資料

單位：萬元

產品名稱	A 產品
銷售收入	36
變動成本	21
固定成本	17
營業利潤	-2

②分析

具體分析一下，原來的銷售收入是 A 產品 36 萬元，B 產品 18 萬元；變動成本是 A 產品 21 萬元，B 產品 13 萬元；固定成本是 A 產品 9 萬元，B 產品 8 萬元。因此，最後得出的營業利潤是 A 產品 6 萬元，B 產品負 3 萬元，所以公司的營業利潤是 3 萬元。這個時候，公司管理層認爲 B 產品有問題，於是決定把 B 產品砍掉，因爲它是虧損產品，會吃掉公司的利潤。這個決定看似合理，但是具體情況如何呢？

邊際貢獻額＝銷售收入－變動成本

圖 3-4　某公司產品邊際貢獻分析

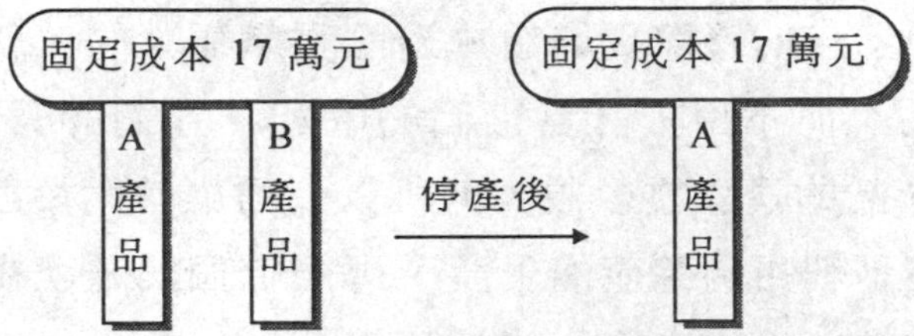

公司把 B 產品砍掉以後，導致了 A 產品的固定成本增加、營業利潤下降。所以，這裏面蘊藏著一個道理：停產虧損產品不一定能使企業總利潤提高。如果虧損產品的貢獻毛益大於零，那麼將其停產後的總利潤必然會下降，其幅度剛好等於虧損產品的貢獻毛益。在這個例子中，B 產品的貢獻毛益是 18 萬元減去 13 萬元，即 5 萬元。所以，公司把 B 產品停產以後導致公司虧損了 5 萬元。也就是說，原來固定成本的 17 萬元，是由兩個產品分攤，而現在把一個產品拿掉，就等於增加了另一個產品的成本。

⑵如何選擇好的產品

①問題

某公司爲了開拓市場，決定銷售新產品以供應市場。現在，有甲、乙兩種新產品可以選擇。如果生產甲，利用剩餘的生產產能可以生產 400 件，單位售價是 65 元，單位成本是 60 元，單位變動成本是 55 元；如果生產乙，利用剩餘的生產產能可以生產 200 件，單位售價是 80 元，單位成本是 75 元，單位變動成本是 50 元。請問，該公司應該生產那一種新產品？爲什麼？

②分析

首先，把兩類產品的信息分別列出來，然後把它的單位變動成本拿出來，根據公式：(售價－單位變動成本)×銷量，就可以計算出各自的邊際貢獻額。邊際貢獻額大的，就是我們要上的新產品，而不用去計算它們的毛利。通過計算得出(見表 3-10)，乙產品的邊際貢獻額大，所以公司應該開發乙產品。當然，如果不是利用剩餘產能生產，那麼這個問題就複雜得多，因爲還要加上新增固定成本的折舊等。

表 3-10　某公司甲乙兩種產品的貢獻毛益分析

單位：萬元

產品名稱	新產品甲	新產品乙
產銷數量(件)	400	200
售　價	65	80
單位變動成本	55	50
開發甲產品的貢獻毛益＝400×(65－55)＝4000 元		
★開發乙產品的貢獻毛益＝200×(80－50)＝6000 元		

4.從降價看定價

有人會說：「我把 A 產品砍掉的話，有把握開發出一個毛利率更高的產品，其單位邊際貢獻額很高，能夠彌補砍掉 A 產品所造成的損失。」如果你能夠把產能釋放出來，當然也是可以的，但關鍵的問題是，你在做取捨的時候，不應該用毛利率來做依據，而要從單位邊際貢獻來考慮。

可以從降價的角度來考慮定價的問題。很多企業習慣於打價格戰，比方說，你作爲銷售經理，如果你把產品的毛利從 35%降到了 20%，你有多大把握能夠使銷量提升多少？降價是很容易，但這中間的損失你怎樣才能彌補？

這裏可以給大家介紹一個計算公式。原產品的毛利率 35%，除以你降價後的毛利率 20%，得出的數字是 1.75。這就是說，你必須在原有的銷量上面再增加 75%，才能彌補你降價 15%的損失。這是一個特別驚人的數字。而平常我們做測算時，對於到底降多少毛利，能夠提高多少銷量，都太感性了，是拍腦袋出來的。這就是要認識的這一問題的關鍵。

(四)銷售毛利

在管理損益表中，企業用貢獻毛益減去固定成本，就得出銷售毛利。爲了更好地管理自己企業的不同費用情況，建議大家特別注意以下兩點：

1. 管理費用

企業往往把很多攤不清楚又不願攤的，都放在管理費用裏面，導致管理費用總額非常大。這是經營分析中很忌諱的事情。因此，要把能分到生產成本中去的盡可能地分進去，能分清楚是那個銷售費用的要盡可能分到具體項目上去，實在分不清的再放在管理費用中，一定要很嚴格。成本和費用的攤銷分配一定要盡可能地接近真實。把大量的數額都籠統地放到管理費用中去，是既不專業也不利於反映企業真實狀況的表現。

管理費用中要分項目，其中有兩個項目要注意：壞賬和損失。比如，有些企業爲了保證利潤好看一點就不提壞賬這回事，而有些企業的壞賬又太高，還有的企業將存貨損失的準備金也放到管理費用裏面去。這兩項涉及非常態的經營，應作爲管理重點予以控制。

2.**銷售費用**

如果一個企業的銷售費用很大的話，建議經營者要將銷售費用進行更明細的項目分類，特別是對一些難以控制的、金額比較大的、頻繁發生的項目，要把它單獨列出來。比方說，有的企業把電話費單獨列出來，有的企業把廣告費單獨列出來，有的企業把銷售推廣費、促銷費用單獨列出來，這些都是有必要的。增加項目時，不要拘泥於會計制度中有限的幾項分類，一定要結合本企業的實際情況，按照自己的管理要求來進行，這樣就有利於監控住。還有一個辦法，就是把銷售費用分攤到人頭上面去，進而更好地控制和管理它。如果企業的銷售費用金額很大，就一定要做更精細地核算。

(五)息積前利潤

銷售毛利加其他利潤，減去銷售費用和管理費用，再加上營業利潤，就得出一個新的指標——息稅前的利潤。

息稅前的利潤，就是爲了把財務的費用往後移。往後移的目的就是要讓企業看清楚自己的財務風險。特別是企業做大了以後，財務費用的數額也會增大，其原因往往是企業有大量的借貸資金。有的企業利潤雖好，但是支付完利息，利潤就很少了。所以，這樣做的目的是爲了幫助管理者來判斷企業財務借貸的成本。經常開玩笑地說，有的企業是爲銀行打工的，爲債權人打工的，因爲企業收益既要抵補自己的營運成本，還要抵消掉債務成本之後的節餘能足夠給予股東回報。

(六)利潤總額

息稅前利潤減掉財務費用，就是利潤總額。利潤總額再減去所得稅，就等於淨利潤。

關於所得稅的問題，企業一定要按照法律來交稅。從一個企業的經營效果來講，交稅金額只佔企業利潤中的一小部份，如果你感覺稅金交多了，那麼你在交稅金的時候最高明的做法不是在後面想辦法，而是在企業經營規劃時考慮賦稅的負擔。

六、管理損益表中的財務分析

(一)管理損益表中的信息量分析

可以在管理損益表中看到，從生產銷量到銷售收入，到最後把變動成本和固定成本分割開來，又產生了一個新的指標——貢獻毛益，我們也叫它邊際效益。邊際效益這一概念非常重要，它可以幫助我們制訂定價策略、產品策略，並能夠衡量管理策略。

變動成本是企業內部進行效益決策的有效指標，包括各項存貨(如原材料、輔助材料、在製品及產成品)的管理消耗，也涉及人員管理的效率,在具體管理中可以就具體項目進行分解。

管理損益表中的銷售毛利，加上其他利潤，減去銷售費用和管理費用，加上營業利潤，就得出了息稅前的利潤。息稅前的利潤實際上是把財務費用往後移，能夠更好地判斷財務的風險。最後我們再減去所得稅，就等於淨利潤。

(二)管理損益表中的數據分析

在看管理損益表時，要注意到其中的數據比例。比如，生產量和銷售量各自增長的百分比是多少，變動成本和生產成本的百分比是多少，貢獻毛益增加的比例是多少等。因此，我們不單要看某個數據，而且要把它做橫向對比或上下對比分析。

比如，我們的毛利率增加了，是因爲變動成本減少了多少，固定成本減少了多少。任何一個數據的變動，一定會引起相關數據的變動。而這些相關數據的變動，又會影響到最終數據的差異。

作爲總經理而言，我們不能僅看最後一個結果，還應該知道產生這個結果的原因，以及更細化的相關數據的變化，最後再回到我們最終要的結果上。所以，管理者要知道怎樣往下推、往前推，並能夠找到相關合適的指標。

(三)管理損益表的延伸

管理損益表可以爲經理人提供大量的信息，同時，我們也可以根據它來設計一些輔助表。比方說，我們可以製作產品分類的貢獻毛益匯總表，還可以做生產成本的過程控制表。生產成本的過程控制表就是把每道工序的過程控制分類，這個表的縱向爲生產成本的分類，如原材料、輔助材料、製造費用、人工費，表的橫向是具體的每道工序，如表 3-11 所示：

表 3-11　生產成本的過程表

項目/工序	原材料	輔助材料	人員	損耗	直接成本小計	管理責任人	間接成本分攤	合計
1								
2								
3								
合計								

通過這張成本表，就把整個成本控制起來了。然後，再把每道工序的責任人落實好，把生產成本管控到每一個細小的地方，那麼企業的運營管理就連貫了。

此外，還可以製作銷售費用附表、管理費用附表、材料損耗的附表等，這些都是管理損益表的延伸。任何一個管理損益表的數據產生變化，我們一定要找到是在那個地方、那個環節發生了變化，這樣的管理才有實效。

管理報表的指標要分解至管理單位(如部門、班組與個人)，這樣才能使得管理效果落到實處。

七、盈虧臨界分析

盈虧臨界的分析，是本量利分析的一項基本內容，也叫保本分析法。在實際工作中經常會提到企業要保本生產，但企業生產多少產品才能保本呢？收入是減去固定成本還是變動成本才爲保本呢？如何用數字來表示呢？

(一)保本點的銷量

作爲經理人，你知道你的企業做多少利潤才能保住成本嗎？你瞭解企業保本點的銷量應是多少嗎？

一般來說，我們並不清楚企業究竟做多少利潤才能保住成本，對於企業未來能賺多少錢，心裏也沒有底。但是，我們往往對自己到底能賣出去多少貨心中有數。因此，我們可以把它轉化過來，計算保本點的銷量。保本點的銷量這一指標能夠幫助我們來判斷，企業到底銷售多少產品才能保住成本。那麼，怎樣去計算保本點的銷量呢？在這裏給大家提供一個推算的公式：

通過圖 3-5 可知，計算保本點銷量，最重要的一點就是要把單位變動成本找出來。我們先用售價減去單位變動成本，計算出貢獻毛益，然後再用總的固定成本除以貢獻毛益，就得出企業的保本點銷量。

圖 3-5　保本點銷量計算公式推導圖

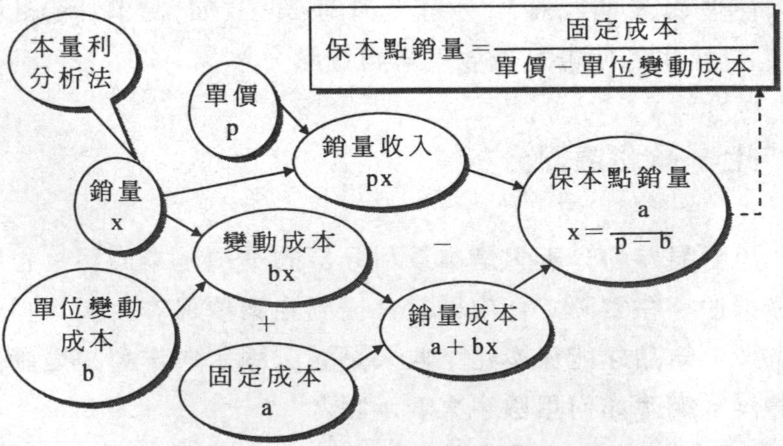

比方說，某公司的固定成本為 400 萬元，產品售價是 20 元，單位變動成本是 10 元，那麼該公司的保本銷售量就是 40 萬，即該公司需要賣出 40 萬件產品才能夠保本。

400(萬元)/[20－10(元)]＝40(萬件)

但是，如果一個公司有多種產品，該如何計算呢？我們可以採用加權平均的方法來計算保本點銷量。將銷量和售價進行加權平均，得出單位變動成本和單位變動的售價，進而計算出加權平均的貢獻毛益。

(二)保利點的銷量

某公司的固定成本是 400 萬元，產品售價是 20 元，單位變動成本是 10 元。假如該公司董事會決定，今年企業要實現 100 萬元的利潤。那麼，企業的銷量要達到多少才能實現這 100 萬元的利潤呢？

首先，我們要在 400 萬元的固定成本上再加上企業所要實現的 100 萬元的利潤。如果公司的產品售價和變動成本不變，那麼，固定成本和目標利潤相加後除以貢獻毛益。就等於 50 萬。也就是說，公司要銷售 50 萬件產品，才能夠實現 100 萬元的利潤。

[400(萬元)＋100(萬元)]/[20－10(元)]＝50(萬件)

這裏有一個問題需要注意：銷量的增加也會帶動其他費用的增加，所以我們不能簡單地把上一年的固定費用抄過來，實際上這個費用是不準確的。但是，我們可以做一個預估。比如，企業去年銷售量為 40 萬件，今年要達到 50 萬件就可能會增加 10 萬元的費用。把增加的費用加上去，數據的可靠性就會更好。

圖 3-6 保利點銷量計算公式推導圖

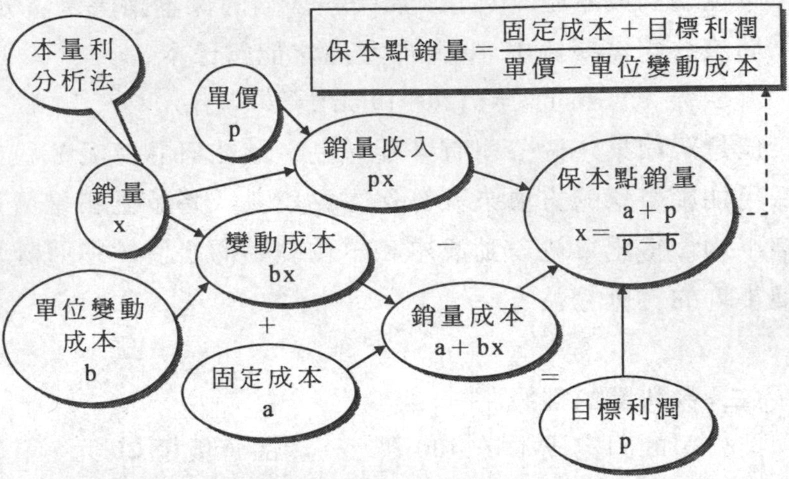

(三)保本點銷量和保利點銷量在管理中的應用

保本點銷量和保利點銷量，可以作爲經理人的一個管理工具靈活應用。

1.它可以幫助我們對來年度的銷售目標進行準確的預測。

2.對在各地開設辦事處等分支機搆起到指導作用。每開設一個分支機搆都預示著成本的增加，而有的企業只計算分支機搆對公司總利潤的貢獻，而不算各地分支機搆所增加的費用。比如，我們計劃開設一個辦事處，首先要清楚這個辦事處要達到多少銷量才能把辦事處的費用抵消掉。辦事處剛成立時，銷量比較少，那麼辦事處的規模就要小一些，儘量讓平衡點低一些。隨著辦事處經營規模擴大，還要計算需要多長時間、提升多少銷量，才會把整個辦事處的費用抵消掉，才能對公司的利潤產生貢獻。

3.除了對分支機搆進行測算之外，我們還可以利用保本點銷量和保利點銷量的公式來計算銷售機構中的每個銷售人員的貢獻值是多少。

(四)損益平衡

1.什麼是損益平衡

下面給大家介紹一個非常重要的概念──損益平衡點，如圖 3-7 所示：

圖 3-7　損益平衡表示意圖

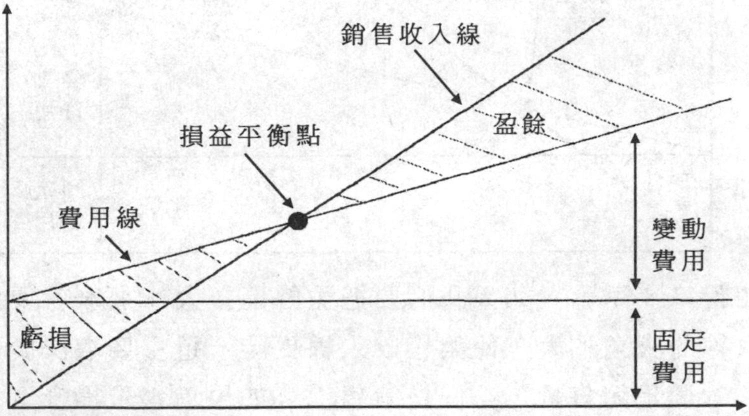

任何企業的生產都有一個固定成本，叫沉沒成本，或者叫期初的平臺成本。也就是說，不管生產經營狀況如何，企業在開始生產時必須投入一定的資金。如果銷售收入低於這條費用線，那麼企業就會嚴重虧損。當然，企業進行生產時，同時會產生變動成本，比如生產一件衣服，就會伴隨著這件衣服生產出來而產生直接成本。於是，費用線和銷售收入線交叉，就形成了盈虧的平衡點。平衡點下面的區域就是虧損區，上面的則是盈餘區。對於企業來說，越靠近平衡點越不安全，而離它越遠越安全。同樣，如果盈餘區越大、虧損區越小，也就說明這個企業越安全。

2. 如何擴大企業的盈餘區

圖 3-8　盈餘區拉大的損益平衡圖

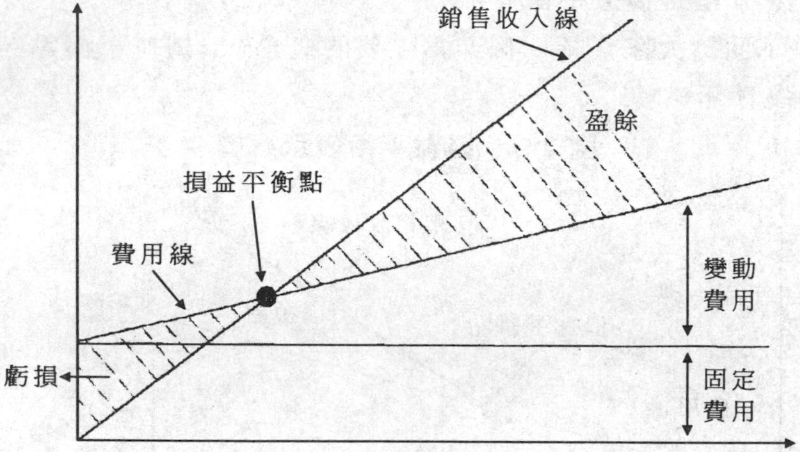

如圖 3-8 所示，如果我們要把盈餘區擴大，那麼就要把銷售收入線的夾角加大，使銷售收入線更陡。這主要取決於兩個方面：一個是銷售量，一個是銷售價。如果銷售量提升了，而銷售價沒有增加，銷售額就不一定增加，銷售收入這條線還是有可能往下掉。如果我們要拉升銷售收入線，還可以把費用線往下壓，使費用線的夾角變小。我們可以把固定成本降低，進而降低了變動成本的起止線，盈虧平衡點就移到了下面，這樣就能導致虧損區縮小，盈餘區增大。

3. 簡單的規模效應有可能使企業的虧損區擴大

在圖 3-8 中，我們通過壓縮固定成本，使盈虧平衡點下調，進而使盈餘區擴大。但是，現實情況又如何呢？

當企業產品的毛利率下降，銷售收入線不好的時候，經常有一些企業會增加生產規模。但是，增加生產規模只預示著固定成本增加，並不一定會降低生產成本。實際上，並非所有銷售量的提升都能夠把成本攤銷掉，只有當企業的公共成本沒有完全攤完的情況下，這種銷量提升對於成本的下降才有效應。

例如，某集團既有熱電廠又有紡織廠，這都屬於固定資產投資規模較大的行業。紡織廠是高能耗的產業，需要熱電廠的蒸氣和電能。從固定資產分攤的角度來看，如果熱電廠的氣、電都有富餘，再增加紡機可以分攤熱電廠的成本。但增加紡織設備也會增加折舊，這裏就要掌握一個平衡，由此具體推算出最佳的經營規模。

圖 3-9　虧損區拉大的損益平衡圖

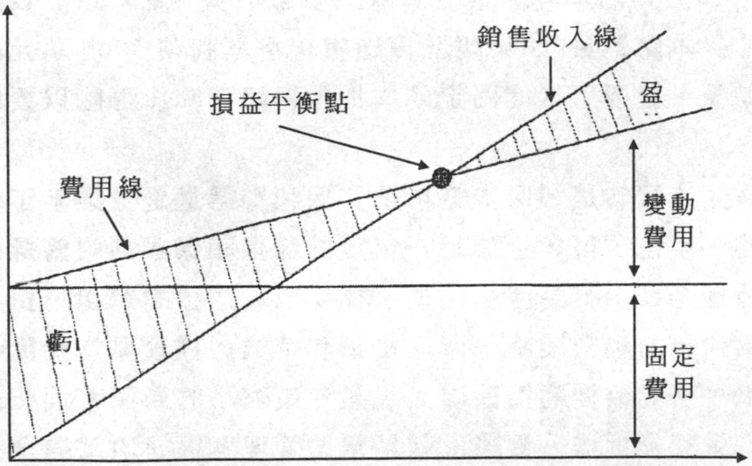

由此可見，企業把固定成本抬高了，變動成本因爲受限於諸多條件不能動，如果銷售費用不變的話，我們就會發現盈虧

的平衡點往上移動。所以，簡單的規模擴充效應有可能使企業的虧損區擴大，盈餘區縮小，進而預示著這個企業可能會不安全，即很容易虧損。而要讓企業的經營更安全，就要盡可能地擴大盈餘空間，而不是簡單地擴充產能。

A 公司每年生產 50～60 噸的牛奶，本年度的單位售價是 800 萬元/噸，單位變動成本是 310 萬元/噸，年度固定成本是 8525 萬元，目標利潤是 9965 萬元，試計算 A 公司本年度的保本點和保利點銷量各走多少？

$$\text{保本點銷量} = \frac{\text{固定成本}}{\text{單價} - \text{單位變動成本}} = \frac{8525}{800-310} \approx 17.40\text{ 噸}$$

$$\text{保本點銷量} = \frac{\text{固定成本} + \text{目標利潤}}{\text{單價} - \text{單位變動成本}} = \frac{8525+9965}{800-310} \approx 37.73\text{ 噸}$$

用 A 公司的年度固定成本除以貢獻毛益，就可以計算出本年度的保本點銷量。如果要計算出實現目標利潤 9965 萬元的保利點銷量，就要用年度固定成本加上目標利潤後再除以貢獻毛益。

需要注意的是，保本點銷量和保利點銷量是企業年年都要測算的。現在，很多企業每一年度的銷量和保本點的銷量很接近，這樣企業很容易產生虧損。如果出現這樣的問題，企業要及時對自己的經營策略、產品結構和企業內控管理進行比較大的調整，才能改變虧損區增大、盈餘區縮小的局面。

本量利分析法，實際上就是幫助管理者很好地掌握企業銷量的控制點，加強對企業利潤和成本的控制。其中，最關鍵的問題是控制好企業的總固定成本，它包括整個公司年度固定開銷的總費用。作爲一名管理者，一定要知道企業的總固定成本在什麼地方，進而反推出把企業銷量控制在什麼程度上，然後再把銷量在各個地區、各個銷售點和各個品種上進行分配，這樣才能更好地做到保本增利。

企業要盡可能地擴大自己的盈餘區，減少自己的虧損區，才能使得企業的經營更安全。

八、企業經營安全嗎

管理中我們習慣於運用安全邊際和安全邊際率來衡量經營的安全程度，安全邊際是企業正常銷售量超過盈虧臨界點銷售量的差額，它表明銷售量下降多少公司仍不致虧損，從而反映了企業經營的安全程度。安全邊際越大，企業經營就越安全。

安全邊際的計算公式爲：

安全邊際＝正常銷售量－盈虧臨界點銷售量

由於安全邊際是一個絕對數，不便於比較不同行業、不同企業的安全程度。因而，實踐中常應用安全邊際率這一指標。

安全邊際率＝安全邊際/正常銷售額×100%

此外，人們還建立了有關企業安全性的經驗數據表，以便企業準確判斷自身的安全程度，如表 3-12 所示：

表 3-12　安全邊際經驗數據表

安全邊際率	40%以上	30%～40%	20%～30%	10%～20%	10%以下
安全等級	很安全	安全	較安全	值得注意	危險

例：某企業生產一種產品，單價 10 元，單位變動成本 8 元，每月固定成本 8000 元，盈虧臨界點銷售量為 4000 件，實際銷售量為 10000 件，求安全邊際。

安全邊際＝10000－4000＝6000(件)

安全邊際率＝6000÷10000×100%＝60%

可見，該公司的經營狀況良好，應注意保持。若安全邊際率低於 20%，公司就應作出提高安全邊際率的決策。提高安全邊際率有兩條途徑：一是增加銷售額；二是使盈虧臨界點下移。使盈虧臨界點下移有兩種方法：降低固定成本和提高單位產品邊際貢獻。

下面以再一個例題進行說明。

例：某加油站附近設一個小商店。該商店對本地居民的月銷售額為 18000 元。此外每個加油的顧客在汽油和小商店的消費比是 10：3，該比率是固定的。已知汽油的貢獻毛益率為 20%，小商店的貢獻毛益率為 30%，現行油價為 2 元/公升，每月的銷售量為 150000 公升。又知該加油站每月固定成本額為 50000 元。要求計算：

(1)該加油站目前的月利潤額

(2)該加油站的汽油保本銷售量

(3)如果汽油銷售量降至 120000 公升，為了維持目前的利潤水準，其他因素不變的前提下，固定成本總額應該控制在什麼水準內？回答是：

(1)加油站的月利潤額

150000×2×20%－50000＋(18000＋150000×2×0.3)×30%

＝42400(元)

(2)商店對本地居民的月銷售彌補的固定成本

$18000 \times 30\% = 5400$(元)

設汽油保本銷售量爲 x，則有：

$(50000 - 5400) = 2x \times 20\% + 2x \times 0.3 \times 30\%$

$x = 76896.55$(元)

(3)設固定成本總額爲 y，則：

$120000 \times 2 \times 20\% - y + (18000 + 120000 \times 2 \times 0.3) \times 30\% = 42400$

$y = 32600$(元)

即應控制在 32600 元之內。

心得欄 ----------------------------------

第 4 章

現金流決定企業存亡

一、現金基本概念

現金流量表是反映企業會計期間內經營活動、投資活動和籌資活動對現金及現金等價物產生影響的會計報表。在進入現金流量表實際內容之前，我們首先來明確幾個定義。注意：這些名詞同日常理解的含義不同。

1. 什麼是現金

現金是企業內的庫存現金以及隨時可以支取的銀行存款。

現金流量表中的「現金」不僅包括「現金」帳戶核算的庫存現金，還包括企業「銀行存款」帳戶核算的存入金融企業、隨時可以用於支付的存款，也包括「其他貨幣資金」帳戶核算的外埠存款、銀行匯票存款、銀行本票存款和在途貨幣資金等其他貨幣資金。

但在企業中存在一些期限較長的定期存款，不能隨意支取，變現能力受限，不能作爲現金流量表中的「現金」。

2.什麼是現金等價物

所謂「等價」，是指這種資金同現金的功效有相同之處，即流動性強，期限短，並可隨時轉換成現金的投資。一項投資被確認爲現金等價物必須同時具備四個條件：期限短、流動性強、易於轉換爲已知金額現金、價值變動風險很小。其中，期限較短，一般是指從購買日起，3 個月內到期。例如可在證券市場上流通的 3 個月內到期的短期債券投資等。

3.什麼是現金流量

現金流量是某一時期內企業現金流入和流出的數量。如企業銷售商品、提供勞務、出售固定資產、向銀行借款等取得現金，形成企業的現金流入；購買原材料、接受勞務、購建固定資產、對外投資、償還債務等而支付現金等，形成企業的現金流出。現金流量信息能夠表明企業經營狀況是否良好，資金是否緊缺，企業償債能力大小，從而爲投資者、債權人、企業管理者提供非常有用的信息。

應該注意的是，企業現金形式的轉換不會產生現金的流入和流出，如，企業從銀行提取現金，是企業現金存放形式的轉換，並未流出企業，不構成現金流量；同樣，現金與現金等價物之間的轉換也不屬於現金流量，比如，企業用現金購買將於 3 個月內到期的國庫券。

二、現金管理的內容

現金不足是否會影響企業利潤的實現？企業是應該遵循「現金爲王」，還是「利潤至上」呢？

1.最佳現金持有量的確定

所謂最佳現金持有量只是相對而言，可能採用不同的方法、從不同角度測算其結果是有差別的。從理論上講最佳現金持有量，是指能使企業在現金存量上花費的代價最低，即機會成本最小，而且又相對能確保企業對現金需求的最佳持有量。

2.現金預算的編制

定期編制現金預算，合理安排現金收支，及時反映企業現金的盈缺情況，是現金管理內容的又一重要組成部份。

3.建立健全現金收支管理制度

要使現金預算安排順利完成，必須建立必要的管理制度，加強現金的日常控制，做好庫存現金的日常管理、加強銀行存款的管理和做好各種轉賬結算工作，遵循規定的現金使用範圍的庫存限額，並且要實施適當的內部控制制度。如現金收支職責的分工和內部牽制等。

4.現金管理手段的科學化

要提高現金管理水準，應對現金管理實際的使用情況實際定期考核與事後分析。

現金考核的指標很多，不同的企業可根據其實際需要來制定。現金考核可以用絕對數指標也可用相對數指標，要視具體考核內容而定。如現金收入量的考核、現金支出量及構成的考核分析、現金使用範圍的考核、現金預算完成情況的考核、最合理現金存量持有情況的考核等。

三、最佳現金持有量

爲了保證足夠的流動性，爲了保證正常週轉的需要，企業必須持有一定的貨幣資金儲存量，但是，貨幣資金基本上是一種非盈利資產，過多持有勢必造成浪費。因此，企業必須確實貨幣資金的最佳持有額度。確定了這個額度之後，企業應嚴格把握住這個額度。一旦貨幣持有量超過該額度，即應將多餘部份迅速追加於生產經營，或從事短期投資，或償付短期債務；而當貨幣持有量低於該額度時，即使有盈利甚豐的有價證券，企業也不應當貿然投資。

如果企業的生產經營過程是一直持續穩定地進行，現金支出基本上是購貨和償還應付賬款，且不存在不確定因素，那麼，我們可以根據現金的週轉速度和一定時期(如一年)的預計現金需求量進行計算。

現金週轉模式操作比較簡單，但該模式要求有一定的前提條件。首先，必須能夠根據往年的歷史資料準確地測算出現金週轉次數，並且假定未來年度與歷史年度週轉次數基本一致；其次，未來年度的現金總需求應該根據產銷計劃比較準確地預計。

如果未來年度的週轉次數與歷史年度相比發生變化，但變化若是可以預計的，那麼該模式仍然可以採用。

毫無疑問，現金週轉速度越快，平日持有的現金就越少。

現金循環天數亦可稱爲貨幣資金運行週期，是指企業從由於購置存貨、償付欠款等原因支付貨幣資金到存貨售出，收回貨幣資金的時間。在存貨購銷採用信用方式(賒購賒銷)時，其計算公式爲：

現金循環天數＝平均儲備期＋平均收賬期－平均付賬期

某企業平均應付賬款天數為 25 天，應收賬款收款天數為 20 天，存貨天數為 70 天，則現金循環天數為 65 天(70＋20－25＝65)。相應地，其年週轉次數為：

現金週轉次數＝360÷65＝5.54(次)

假定該企業預計未來一年的現金總需求額為 35000000 元，則：

現金最佳持有額度＝35000000÷5.54＝6317689(元)

假定上例中該企業預計未來一年現金週轉次數較之上一年的 5.54 提高 10%，那麼，我們可據以算出下年的週轉次數：

未來年度現金週轉次數：

＝上一年度現金週轉次數×(1＋預計的加速度)

＝5.54×(1＋10%)

＝6.094(次)

假定年度的現金總需求額不變，則：

現金最佳持有額度＝3500000÷6.094＝5743354(元)

四、現金管理的手段

現金是企業的以貨幣形式存在的資產，由於現金特殊的形式，在現金的管理上，每個企業都很重視，但是僅僅重視還是不夠的，是不能完善的管理現金、規避現金的挪用與貪污問題的，因此，管理者還必須掌握必要的現金管理工具。

現金的管理主要包括現金的支出管理、現金的收入管理以及現金的餘額管理。

1. 加速收款

爲了提高現金的使用效率，加速現金週轉，企業應盡可能地加速收款。其中主要是縮短應收賬款的時間。發生應收賬款會增加企業資金的佔用，但它又是必要的，因爲可以擴大銷售規模，增加銷售收入。如果現金折扣在經濟上可行，應儘量採用，以加速賬款的收回。

2. 利用現金浮游量

所謂現金浮游量，是指銀行賬戶上比企業賬戶上多出的現金存款餘額。這種差異，是由於企業開出的支票，顧客尙未到銀行兌現而形成的。如果能正確預測浮游量數額加以利用，對於企業的資金週轉很有好處。當一個企業有多個銀行存款賬戶時，應選用一個能使支票流通在外時間最長的銀行來支付貨款，以擴大浮游量。

3. 控制支出時間

控制支出時間，可以最大限度地保持現金留存量以用於急需支付事項或從事證券投資。例如，如果購貨付款條件爲「2/10、n/30」，應安排在發票開出日期後的第 10 天付款，還不致喪失現金折扣。如果第 10 天不能付款，則應拖到第 30 天再付。

控制支出時間，還體現爲摸清支付規律以適當準備現金的做法。例如，企業每月支付薪資時，發現職工到銀行兌現薪資有一定的規律。薪資兌現起始日起的第 1、2、3、4、5 和 5 天以後的兌現率分別爲 20%、40%、10%、5%、5%。這樣，企業準備發放薪資的現金就不必全部在第一天備齊，而可按兌現率的分佈逐步供給。

4. **及時進行現金的清理**

在現金管理中，要及時進行現金的清理。庫存現金的收支應做到日清月結，確保庫存現金的賬面餘額與實際庫存額相符；銀行存款賬面餘額與銀行對賬單餘額相符；現金、銀行存款日記賬數額分別與現金、銀行存款總賬數額相符。

5. **做好銀行存款的管理**

企業超過庫存現金限額的現金，應存入銀行，由銀行統一管理。企業銀行存款，主要有以下三種類型：

⑴**結算戶存款**

結算戶存款是指企業爲從事結算業務而存入銀行的款項。其資金主要來自公司出售商品的貨款、提供勞務的收入、從銀行取得的貸款、發行證券取得的資金等。結算戶存款公司隨時可以支取、具有與庫存現金一樣靈活的購買力，比較靈活方便。但結算戶存款的利息率很低，企業獲得的取酬很少。

⑵**單位定期存款**

單位定期存款是企業按銀行規定的存儲期限存入銀行的款項。企業向開戶行辦理定期存款，應將存款金額從結算戶轉入專戶存儲，由銀行簽發存單。存款到期憑存單支取，只能轉入結算戶，不能直接提取爲庫存現金。單位定期存款的利息率較高，但使用不太方便，只有閒置的、一定時期內不準備動用的現金才能用於定期存款。

⑶**專項存款**

專項存款是企業將具有特定來源和專門用途的資金存入銀

行而形成的存款。如科技三項費用撥款等的存款。

加強對銀行存款的管理具有重要意義，企業應做好以下幾項工作：

①按期對銀行存款進行清查，保證銀行存款安全完整。

②當結算戶存款結餘過多，一定時期內又不準備使用時，可轉入定期存款，以獲取較多的利息收入。

③與銀行保持良好的關係，使企業的借款、還款、存款、轉賬結算能順利進行。

6.實行內部牽制制度

在現金管理中，要實行管錢的不管賬，管賬的不管錢，使出納人員和會計人員互相牽制，互相監督。凡有庫存現金收付，應堅持覆核制度，以減少差錯，堵塞漏洞。出納人員調換時，必須辦理交接手續，做到責任清楚。

7.適當進行證券投資

企業庫存現金沒有利息收入，銀行活期存款的利息率也比較低。因此，當企業有較多閒置不用的現金時，可投資於國庫券、大額定期可轉讓存單、公司債券、公司股票，以獲取較多的利息收入；而當企業現金短缺時，再出售各種證券獲取現金。這樣，既能保證有較多的利息收入，又能增強企業的變現能力。因此，進行證券投資是調整企業現金餘額的一種比較好的方法。

要支撐大企業的生存發展，必須平衡投資行爲、籌資行爲和經營行爲三者之間的關係，投資行爲、籌資行爲和經營行爲三者之間形成一個循環平臺。企業不能只依靠單個項目的贏利水準，關鍵還取決於現金流的週轉。否則，只要有鏈條中的某一環節斷掉，那麼整個資金鏈條就無法週轉。因此，當一個企業進入大企業的發展階段，經營行為、籌資行為和投資行為三者缺一不可，並要做到三者的循環的平衡。

五、靈活現金

企業的價值取決於企業通過生產經營活動所能產生的淨現金流量，因此現金流量對企業來說非常重要。淨現金流量的大小一方面取決於各個營業週期內現金流的大小，折現率的大小以及企業獲取現金的時間。所以，管理者可以通過加速企業現金的取得速度，減少現金被外部單位佔用的時間的手段，改善企業的現金流。

所有的企業管理者都很注意本企業的現金流量狀況。一個企業可能頂得住暫時的銷售額下降或新出現的競爭對手，但是若沒有必要的現金來維持日常開支，企業就可能被迫關門。所以，企業管理者應要求其財務主管想辦法控制現金收支，改善企業現金流量。改善企業現金流量的方法主要有以下幾種：

1. 加速收款

加速收款是改善企業現金流量最直接的手段。現金流量必然會隨著企業客戶付款的更為迅速、及時而得到改善。有些主管不願向客戶催收貨款，認為這種催款是向客戶施加付款壓力，會損害企業今後的銷售。但是，我們可以換一種思考方式，大多數企業都願意及時承兌其債務，因為，這樣能維護一個企業的財務信譽，並有利於獲得今後的信用方便。按時向債權人付款還應該是一種良好的企業管理準則。因此，向已逾付款期的客戶催收貨款實際上是在向他們提供服務。在很多情況下，客戶未能及時付款是由於管理問題，會計錯誤或有時就是簡單的疏漏而造成的。及時提醒往往能幫助他們解決這些問題，而同時也就改善了企業的現金流量。

另外，那些習慣於不按時付款的企業，往往有它們自己的現金流量問題，而且當問題嚴重時，它們的欠款還會變成壞賬。因此，通過積極收款還可以剔除那些有拖欠習慣的客戶，能減少一個企業註銷壞賬的幾率。因此，沒有必要爲今後可能失去一些拖欠貨款的客戶而憂心忡忡。

積極收款還應該弄明白企業列明的付款條件與默認付款條件兩者之間的區別。所謂列明的付款條件就是合約上註明的允許付款時間，如：「30 天整」就清楚地表明，企業要求其客戶在購貨後 30 天內付款。而默認的付款條件是指企業實際上允許其客戶支付貨款的平均時間。如果該企業直到客戶過期 30 天后才去索討貨款，則默認條件爲 60 天。由於在第 60 天以前不會發生催款，所以有些客戶索性將這默認的 60 天視爲銷貨企業的真實付款條件。這樣，就會損害銷貨企業的現金流動。所以，應及時提醒客戶按列明的付款條件付款，使企業列明的付款條件與默認的付款條件趨於一致，這會縮短現金流入企業的時間，有助於改善公司的現金流量。

2. 減少資金浮存

企業出售產品後，如果採用現款銷售方式，企業可以得到支票、匯票；如果採用賒銷方式，賒銷期滿企業也將收到支票、匯票。但是，企業收到的支票和匯票不能馬上作爲現金使用，必須經過銀行結賬、轉賬之後，才能動用。這種現象叫做資金浮存。資金浮存的原因包括兩方面：第一，企業收到客戶交來的支票、匯票後，內部處理需要時間，如需核對、整理，每天定時送交銀行；第二，銀行之間交換支票、轉賬也需要時間。企業開戶行收到企業交來的支票、匯票後，與對方開戶行聯繫，對方銀行付款後，托收過程才算完成，支票金額才算企業在其往來銀行的正式存款。企業的往來銀行要等支票托收完畢後，才允許企業從存款賬戶中提取現金，而企業需要的是實際可以動用的資金，因此，應設法降低資金浮存數量。

3. **銀行業務集中法**

根據企業銷售分佈情況，在各個地區分別設立收款中心，各地區的客戶收到貨物後，將支票寄送當地收款中心，收款中心收到顧客的支票後，委託當地銀行收取款項。分散在各地的收款銀行完成收賬任務後，把多餘的資金調撥給集中收款銀行。這樣做，可以縮短客戶郵寄匯票所需時間，也縮短了銀行托收貨款所需時間。但由於設立較多的銀行賬戶，企業需支付較多的銀行費用，因此企業在使用此方法時，應權衡因設立收款中心人財物的開支與加速收款減少的資金的機會成本的大小。

4. **郵政信箱法**

這是企業減少資金浮存量的另一種方法。這種做法是將企業的銷售範圍劃分爲若干個地區，每個地區選定一個代理銀行，在發送貨物時，要求客戶將支票、匯票寄送到指定的郵政信箱，委託代理銀行每天開取信箱，並將郵政信箱的匯款劃入企業賬戶。代理銀行扣除補償性存款餘額後，將多餘的現金及有關資料寄回企業。租用郵政信箱收款通常比按企業位址郵寄匯票要快幾天，這樣可以縮短貨款托收時間。但是，租用郵政信箱也要支付一定的費用，所以財務主管在決定是否利用這一方法時，也應權衡這些費用開支與減少浮存量降低的資金機會成本數額的大小。

5.合理安排現金支出

如果企業在幾家銀行都有存款，就應該迅速地把某些銀行中的存款轉移到支款銀行，以便隨時滿足現金支出。財務主管應合理安排現金支出，儘量利用供應商提供的賒銷期，不提前或推遲支付支票或匯票。例如，供應商開出的賒銷條件爲「2/10，n/30」，則企業最好在開出發票後第10天付款，這樣，既可以最大限度地利用這筆資金，又不會喪失現金折扣。企業不應該提前償付債務，因爲提前償付債務會損害企業對現金需求的應急能力。

6.有效管理資產

改善現金流量，還可以從資產管理上入手。有效的資產管理能減少現金佔用量，如有效的存貨管理能夠減少現金在庫存儲備的佔用量。減少存貨，就能增加資金，可以改善企業的現金流量。

六、企業如何應對「現金荒」

1.説服銀行增加貸款額度

當企業遇到現金週轉不順暢的時候，首先應想辦法從銀行貸款。如果企業的發展前景很好，原先的合作銀行一般還是願意給企業增加貸款幫助企業渡過難關的。因爲如果銀行不增加貸款，一旦企業真的破產，按照破產程序銀行原先貸給企業的款項通常不能全額收回。而如果銀行給企業注資幫助企業渡過難關的話，企業不但可以歸還以前的貸款，而且該銀行還多了一個忠實的客戶，有利於其以後開展其他業務。但是企業能否在危難之時獲得銀行的幫助，還要取決於企業的發展前景、平時的信譽、當時的經濟狀況以及央行的貨幣政策等，其中有一些原因是企業不可控的。

2. 穩住債權人

如果企業無法獲得銀行貸款，那麼就應該盡力穩住購銷債權人並且爭取獲得進一步的賒銷。其實與企業長期合作的購銷債權人和銀行一樣，也不希望企業破產，因爲一旦進行破產程序自己的債權很可能無法完全收回，並且在以後的經營中也失去了一個合作夥伴。所以，如果企業平時信譽較好的話，其業務夥伴通常也願意以賒銷或者其他的方式幫助企業渡過難關。

3. 與債務人協商

在企業爭取債權人幫助的同時，還應注意與債務人的協商。企業遇到「現金荒」時，通常並不是負債累累，很多時候還是很「富有」的，可能還擁有很多債權，很多企業破產的原因往往不是高額的負債，而是被這些無法及時收回的債權拖垮的。所以，當企業陷入資金困難的時候，可以考慮與自己的債務人協商。但是債務人通常不會像企業的債權人那樣害怕企業破產，所以，債務人不會太考慮債權企業的利益。因此，企業要想促使債務人還款，就要給予適當的優惠措施。例如給一些折扣或者供貨上的優惠等，必要的時候還要運用法律手段去維護自己的利益。

4. 審視戰略方向

目前有些企業遇到的資金緊張，並不是由於市場和銷售出了問題，也不是因爲應收賬款的問題，而是在企業的發展過程中不考慮自身的實力盲目進行擴張，也就是說患了所謂的「大企業病」。曾經顯赫一時的巨人集團就是「大企業病」的犧牲品。所以，當企業在遇到資金週轉的困難時，一定要考慮一下自己的主營方向和以後的目標發展方向。如果企業存在和整體發展方向不十分吻合的項目，一定要堅決撤出，絕不能因爲已經進行了前期的投資，就不甘心將一些前景並不很好的項目撤出。雖然撤出這些項目是會有一些損失，但是這種損失總比最後使企業整體陷入困境要好得多。

5. 利用售後租回

售後租回是先把企業的一部份資產出售，然後再和買方協商以租賃的形式租回來繼續使用，這樣企業其實是以放棄資產所有權來獲得資金，以付出租金再換回資產的使用權。售後租回雖然使企業暫時失去了資產的所有權，但是可以迅速補充現金流量，還可以通過租賃的方法租回並繼續使用這部份資產，所以對企業的生產經營不會造成太大的風險。等到企業渡過難關以後可以再把這部份資產買回來。售後租回其實相當於以部份資產作爲抵押進行融資，租賃費就相當於是融資成本，等到企業資金充裕的時候再把資產買回來等於是還了人家的本錢，把自己的抵押物「贖」回。售後租回在迅速補充企業現金方面還是可以起到立竿見影的作用的。

6. 出售短期證券

企業可以通過出售所持有的短期證券解決「現金荒」問題。

由於短期證券的變現能力非常強，所以能迅速地補充企業的現金流，不過這要看企業平時儲存短期證券的數量，如果企業持有的短期證券數量不是很多，那麼這種方法就很難達到幫企業渡過難關的效果。

7. 出售應收賬款

當企業的短期證券等資產不能解決問題時，企業還可以考慮出售企業的一些應收賬款。當然企業出售應收賬款肯定會有所損失，但是如果可以立即變現的話，也不失爲一種好方法。因爲現實的資產比賬面資產價值更大，更何況企業又急需現金呢？

8. 採取民間融資

當企業要上某個項目，而又實在籌不來資金的時候，可以考慮向民間融資。特別是對於一些中小企業來說，向銀行貸款的難度可能很大，所以可以考慮運用此方法。但是，民間融資的成本一般要高於銀行的貸款利率水準，因此企業在向民間融資時一定要考慮自己在成本方面的承受能力。

9. 企業內部人員的溝通

企業的員工和老闆心情是一樣的，都希望企業向好的方向發展，因爲關係到員工自身的利益。當企業遇到現金困難時，往往可以通過與內部人員的溝通，以犧牲內部人員的利益來幫助企業渡過難關。例如，企業可以和員工協商，暫時減少薪資、降低獎金或者其他福利待遇，必要的時候可以讓員工集資，這些往往會在企業最困難的時候起到立竿見影的作用。

如果企業和員工解釋清楚，通常員工是會理解的。但是如果企業不和員工溝通，可能會引起企業內部的恐慌，這就會加深企業的危機。另外，當企業度過危機以後要給予員工一定的補償。因爲一方面企業要對自己的員工負責，另一方面當企業以後遇到類似情況時，容易得到員工的理解。

企業做大了，爲什麼卻沒有錢？難道不是銷售規模越大，利潤越多，錢也越多嗎？錯！企業越大，越需要重視現金流管理！

2001 年，曾名列全球財富 500 強第 16 位、全美 500 強第 7 位的美國安然公司(Enron)突然宣告破產。安然公司 2000 年的總收入高達 1000 億美元。過去 10 年來，它一直是美國乃至世界最大的能源交易商，掌控著美國 20%的電能、天然氣交易。安然墜落是從「巨額收入、利潤」開始的。實際上，僅僅從會計數字一個方面已不能正常的反映企業的實際狀況。經分析得知，在安然破產前 6 年，該公司的現金淨流量就已出現負數。

七、收入與現金

收入等於現金嗎？當然不等於，因爲所有的銷售收入不一定都收到了現金。支付了現金一定會影響當期的費用嗎？不一定。費用不等於支付現金。收到的現金不一定全部是企業當期收入，支付的現金也不一定都是企業當期的費用，沒有收到現金的業務可能產生收入，沒有支付現金的業務同樣可能產生費用。

在東南亞地區爆發金融危機以後，企業界提出了「現金爲王」的口號。沒有現金流，企業就無法生存。誰有現金，誰的抗風險能力就強。現金獲得的能力決定了企業未來的競爭力。

通過對現金流問題的研究，我們會吃驚地發現，全球除了兩家最大的國際商業銀行外，微軟是現金儲備量最大的企業，具備了 700 億美元的現金儲備。

當今企業的經營具有高風險。一個新產品出來後，如果後期產品不能跟上，中間就有一個停滯期。在這個停滯期中，企業必須有相當的現金儲備幫助員工度過。所以，現金流的問題不是簡單的小問題，實際上是牽扯企業生命線的大問題。

1. 分析現金流可以直接判斷企業隱藏的經營風險

企業管理過程中，可以通過現金流量直接判斷企業經營活動，這種途徑比通過利潤表和資產負債表更直接，因爲現金流量是企業直接經營活動的結果，關聯度最高。現金流量表背後隱含著很多信息，通過其現金來源，可以判斷企業主營業務是否健康，現金流量是否充足。比如，一家企業的現金流不是靠營業得來的，而是靠賣掉資產得來的，該企業就會有問題。通過現金流量，你可以判斷它是否是企業正常的經營活動的現金。比方說，當主營業務的現金流量不夠的時候，有大量的籌資現金進來，那麼，你就要連續觀察一段時間，看它的籌資活動的歸還程度如何，特別是短期融資，如果不能及時償還，就說明它主營業務的造血功能不足，沒有辦法歸還投資活動的週轉融資，這就會有風險。經營活動在不斷地流血，籌資活動不斷地去給它輸血，時間一久，這個企業就有問題。所以，分析現金流可以直接判斷企業隱藏的經營風險。

2. 判斷企業現金流量需要注意的四個問題

在判斷企業現金流量時，需要注意以下四個方面的問題：

⑴要把經營活動的現金流量作為主要分析對象

作爲一個健康運轉的企業，經營活動應當是現金的主要來源，而企業的投資活動和籌資活動都是爲經營活動服務的。所以，投資活動和籌資活動的增多都意味著財務風險的加大。

⑵對未來的預測比過去的數據更重要

現金流量意味著對企業未來的把握度，因此在分析現金流量的時候，未來預測比歷史的分析更重要。

⑶要正確對待現金流量變化的結果

分析現金流量要強化分析過程，對過程的分析遠比結果的分析更重要。在做現金流量表分析的時候，要把細的項目進行歸類，這樣便於我們發現後面隱藏的問題是什麼。

⑷注意重視不涉及現金收支的項目

如果用固定資產償還債務，這在一定程度上反映出企業可能面臨一定的現金流轉困難。

以上是分析現金流量表應該注意的問題。現金流對企業具有至關重要的作用。有時，企業的破產並非是因爲沒有經營利潤，也並非是股票價格不漲，實際上是企業現金流量出現負數。企業現金流一旦出現負數，企業資金鏈在一段時間內就會斷掉，企業無法形成完整的營業循環，破產就在所難免。

八、現金流量的分析

現金流量表是爲會計報表使用者提供企業在一定會計期間內有關現金及現金等價物的流入和流出的信息。通過現金流量表的數據構成，結合資產負債表和利潤表，可以對現金流量表進行分析。

(一)結構分析

現金流量表的結構分析包括流入結構、流出結構和流入流出比分析。通過流入結構分析，可以看出企業現金流入量的主要來源。通過流出結構分析，可以看出企業當期現金流量的主要去向，有多少現金用於償還債務，以及在三項活動中，現金支付最多的用在那些方面。流入流出比分析中，經營活動流入流出比越大越好，表明企業 1 元的流出可換回更多的現金；投資活動流入流出比小，表明企業處於發展時期，而企業衰退、缺少投資機會時此比值大；籌資活動流入流出比小，表明還款大於借款。通過流入和流出結構的歷史比較和同業比較，還可以得到更多有用的信息。

1. 案例分析——現金流入量結構分析

⑴公司經營活動的現金流入量佔總現金流入量的 91.66%，投資活動現金流入量佔 1.12%，籌資活動現金流入量佔 7.22%。可以看出，公司的主要現金流入量是來自經營活動，所以公司是正常經營期。投資活動的現金流入量很少，說明公司有少量的投資收入。籌資活動的現金流入量也很少，說明公司借款很少。

⑵銷售收入佔經營活動中現金流入量的 99.23%，主要來源是公司銷售的貨款，說明公司採取的是以主營業務爲中心的行銷策略。

⑶投資收益所回收的現金流入佔總投資活動的現金收入的 49%，說明公司有投資，而且是有收益的。

⑷少量的籌資現金收入都是借款。

表 4-1　現金流入結構表

項　　目	金額（萬元）	流入量與總流入量比	內部結構百分比
經營活動的現金收入	41814.97	91.66%	100%
其中：來自銷售的現金收入	41494.98		99.23%
其他稅費返還	74.00		0.18%
收到的其他的收入	245.99		0.59%
投資活動的現金收入	508.76	1.12%	100%
其中：收回對外投資的現金收入	169.46		33.31%
取得投資收益所收到的現金	249.30		49%
處置固定資產所收到的現金	90.00		17.69%
籌資活動的現金收入	3294.00	7.22%	100%
其中：借款收到的現金	3294.00		100%
現金收入合計	45617.73	100%	

2.**案例分析——現金流出量結構分析**

⑴公司經營活動的現金流出量佔總現金流出量的 78.81%，投資活動現金流出量佔 4.30%，籌資活動現金流出量佔 16.89%。可以看出，公司的主要現金流出量是用於經營活動、購買原材料等，所以公司是正常經營期。投資活動的現金流出量很少，說明公司有少量的投資。籌資活動的現金流出量也很少。

⑵經營活動現金流出量中用現金購買商品佔 54.7%，是重要部份；支付給職工的現金佔 4.77%，支出比重不大；支付各種稅款佔 22.56%，實際稅負比例比較高。

表 4-2　現金流出結構表

項　　目	金額（萬元）	流出量與總流出量比	內部結構百分比
經營活動的現金支出	33964.10	78.81%	100%
其中：現金商品支出	18577.40		54.70%
支付給職工的現金	1620.40		4.77%
支付的各種稅費	7663.40		22.56%
支付其他現金	6102.90		17.97%
投資活動的現金支出	1852.30	4.30%	100%
其中：投資所支付的現金	500.00		26.99%
購置固定資產支付的現金	1112.30		60.05%
支付其他現金	240.00		12.96%
籌資活動的現金支出	7280.70	16.89%	100%
其中：償還借款支付的現金	3100.00		42.58%
分配利潤或償還利息支付的現金	3830.70		52.61%
融資租賃固定資產費	350.00		4.81%
現金支出合計	43097.10	100%	

⑶投資收益所回收的現金流出佔總投資活動現金支出的4.3%，公司投資量非常小；購買固定資產支付的現金佔支出量的60.05%，說明公司只是在正常地添置一些固定資產，用於生產。

⑷籌資支出的42.58%用於歸還借款，52.61%用於分配利潤和支付紅利，4.81%用於支付融資的租賃固定資產。

3.案例分析——現金流入流出結構分析

表4-3　現金流入流出結構表

項目	金額(萬元)	流入流出比
經營活動的現金收入	41814.97	
經營活動的現金支出	33964.10	
經營活動的淨現金	7850.87	1.23
投資活動的現金收入	508.76	
投資活動的現金支出	1852.30	
投資活動的淨現金	-1343.54	0.27
籌資活動的現金收入	3294.00	
籌資活動的現金支出	7280.70	
籌資活動的淨現金	-3986.70	0.45

⑴經營活動流入流出比爲1.23，說明企業1元的成本可換回1.23元的現金利潤。這個比值越大越好。

⑵在這個案例中，投資活動投入投出差是負數，投資活動的淨現金額爲-1343.54，說明公司處在擴張期，需要大量的現金支出。流入流出的比爲0.27，此比值在擴張期就很小，若公

司處於衰退期，這個比值就會大，因爲有大量的投資需要收回。

⑶此案例中的籌資活動的淨現金值也是負數，比值爲0.45，表明還款大於借款。

（二）流動性比率

表 4-4 資產負債表

單位：萬元

資　產	年初數	年末數	負債及所有者權益	年初數	年末數
流動資產：	10110	12790	流動負債：	5185	5830
貨幣資金	2850	5020	短期借款	650	485
短期投資	425	175	應付賬款	1945	1295
應收賬款	3500	3885	職工薪酬	585	975
預付貨款	650	810	應付股利	1620	2590
其他應收款	75	80	一年內到期長期借款	385	485
存　貨	2610	2820	長期負債：	1050	1615
非流動資產：	6790	8060	長期借款	650	975
長期投資	975	1650	應付債券	400	640
固定資產原價	8100	9075	所有者權益：	10665	13405
減：累計折舊	2450	2795	實收資本	4860	4860
固定資產淨值	5650	6280	資本公積	1560	2370
無形資產	90	75	盈餘公積	2595	3240
其他資產	75	55	未分配利潤	1650	2935
總資產	16900	20850	負債及所有者權益	16900	20850

表 4-5　公司利潤表

單位：萬元

項目	本年累計
一、主營業務收入	49000
減：主營業務成本	27500
二、主營業務毛利	21500
加：其他業務毛利	
減：主營業務稅金及附加	2450
減：管理費用	2750
銷售費用	1750
財務費用	195
三、營業利潤	14355
加：營業外收入	520
減：所得稅	4910
四、利潤總額	9965

1. 現金比率＝現金和約當現金÷流動資產

公司的貨幣資金爲 5020 萬元，短期投資即債券投資爲 175 萬元，流動資產爲 12790 萬元，則其現金比率爲：

$$(5020+175)\div 12790\approx 0.41$$

公司的現金變現能力用數字來表示是 0.41，說明公司的變現能力是較強的。該指標旨在衡量企業流動資產的品質。非現金流動資產如應收賬款或存貨，其變現過程複雜且通常會產生壞賬，因此剔除後以現金和約當現金與流動資產比率計算得出的現金比率越高，表明變現潛在損失越小，企業短期償債能力越強。但由於現金本身不能產生效益，因此，若此比率過高，也就是說，公司有很多閒置的現金，也不利於公司利潤的最大化。

2.現金對流動負債的比率＝現金和約當現金÷流動負債

公司的貨幣資金爲 5020 萬元，短期投資即債券投資爲 175 萬元，流動負債爲 5830 萬元，則其現金對流動負債的比率爲：

$$(5020+175)\div 5830\approx 0.89$$

公司的短期償債能力用數字來表示是 0.89，比值幾乎達到 1，說明公司的短期償債能力極強。

這個指標比流動比率、速動比率更嚴格。現金與流動負債的比率小，說明企業缺乏現金，企業對流動負債償還的保障能力低下，可能不能及時償還到期債務。

(三)償債能力比率

現金流量和債務的比較可以更好地反映企業償還債務的能力。可以用現金到期負債比、現金流動負債比、現金債務總額比來測算企業的償債能力。

1.現金到期負債比率＝經營現金淨流入÷本期到期負債

公司的經營淨現金流入爲 7850.87 萬元，薪資是本月到期的 975 萬元，短期借款是本月到期的 485 萬元，一年到期的長期借款爲 485 萬元，則其現金到期負債比率爲：

$$7850.87\div(975+485+485)\approx 4.04$$

該公司的這個指標非常好，有充裕的現金可以用來歸還到期的債務。這個指標是把償債的能力縮小到企業到期的債務上，即比流動負債更小的範圍，分析本期到期債務的償債能力。本期到期的債務是指本期到期的長期債務和本期應付票據之和。通常這兩種債務是不能展期的，必須如數償還。

2.現金流動負債比率＝經營活動現金淨流入÷流動負債

公司的經營淨現金流入為 7850.87 萬元，流動負債為 5830 萬元，則其現金流動負債比為：

$$7850.87 \div 5830 \approx 1.35$$

經營的淨現金流入與流動負債的比值達到了 1.35，說明公司的現金儲存量充裕，可以考慮適當擴大規模。該指標旨在反映本期經營活動所產生的現金淨流量足以抵付流動負債的比率，也稱為超速動比率。經營活動的現金淨流量屬當期流量，而流動負債是表示須於一年內償付的債務，也就是說該指標是基於假設「當期的現金淨流量是對未來期現金流量的估計」，該指標重點在於看企業正常生產經營能否產生足夠的現金流量以償還到期債務。一個正常運作的企業不是通過長期對外融資來彌補企業的短期流動負債的。

3.現金債務總額比率＝經營活動現金淨流入÷負債總額

公司的經營淨現金流入為 7850.87 萬元，負債總額為 7445 萬元，包括流動負債、長期負債的總和，則其現金債務總額比為：

$$7850.87 \div 7445 \approx 1.05$$

公司的經營活動現金淨流入與負債總額的比值為 1.05，說明公司償債的能力很強。

這個指標是把企業償債的能力放到企業全部債務上來考察，說明企業總的償債能力。這個指標比率越高，說明企業的償債能力就越強。

4. **現金利息保障倍數=(經營活動現金淨流量+現金利息支出+所得稅付現)÷現金利息支出**

公司的經營淨現金流入為 7850.87 萬元，利息支出為 100 萬元，所得稅為 34 萬元，則其現金利息保障倍數為：

$$(7850.87+100+34)\div 100\approx 79.85$$

現金利息保障倍數是 79.85，說明公司支付利息的能力很強。該指標是根據傳統財務報表比率分析中利息杠杆比率變化而來，將借款含非現金項目的經營利潤改為經營活動現金淨流量，這樣分子分母均以「現金」的實際收付為衡量基礎，這一比率與同業水準相比，可反映企業變現能力及支付約定利息的能力。

正常經營情況下，企業當期經營活動所獲得的現金收入，首先要滿足生產經營活動的支出，如購買原材料與商品、支付職工薪資、繳納稅費，然後才用於償還債務。分析企業的償債能力，首先應看企業當期取得的現金在滿足了生產經營活動的基本現金支出後，是否還足夠用於償還到期債務的本息，如果不能償還債務，必須向外舉債，說明企業經營陷入財務困境。所以，現金流量和債務的比較可以更好地反映企業償還債務的能力，這可以通過現金到期債務比、現金流動負債比和現金債務總額比來反映。這些比率越高，說明企業的償債能力越強。

(四)獲取現金能力比率

獲取現金的能力是指經營現金淨流入與投入資源的比值，投入資源可以是銷售收入、總資產、淨營運資金、淨資產或普通股股數等。

1. 銷售現金比率＝經營現金淨流入÷銷售額

公司的經營淨現金流入爲 7850.87 萬元，銷售額爲 21000 萬元，則其銷售現金比率爲：

7850.87÷21000≈0.37

公司每銷售 1 元就會有 0.37 元的現金回到公司，說明公司的銷售回款率很好。該比率反映每元銷售得到的淨現金，其數值越大越好。若企業的應收賬款過大，這個比率會下降，就要相應改變企業信用客戶的數量，減少客戶的信用額度，保證企業有充裕的現金流。

2. 每股營業現金淨流量＝經營現金淨流入÷普通股股數

公司的經營淨現金流入爲 7850.87 萬元，假設公司的普通股股數爲 1500 萬股，則其每股經營淨現金流量爲：

7850.87÷1500≈5.23(元/股)

該指標反映企業最大的分派股利能力。所有的股東都希望這個比率越大越好，這個比率越大，表明企業有更充裕的現金可以給股東分紅利，否則，企業就要貸款給股東分紅。

3. 全部資產現金回收率＝經營現金淨流入÷全部資產×100%

公司的經營淨現金流入爲 7850.87 萬元，全部資產爲 20850 萬元，則其全部資產現金回收率爲：

7850.87÷20850×100%≈38%

公司經營現金淨流量與全部資產的比值是 38%，說明企業每 100 元的資產就會有 38 元的現金流入公司。該指標是反映企業全部資產的償債能力，指標的比率是越大越好，而且是正比例的指標。比率若低於同業水準，說明該公司資產產生現金的能力較弱。

一個企業在銷售量下降、利潤下降。甚至虧損的情況下，只要有充沛的現金，就可以維持企業的經營；若出現現金鏈斷裂，企業就必死無疑。

九、如何防止現金舞弊

1. 現金舞弊的現象

⑴貪污現金

貪污現金的主要手法有：

①少列現金收入總額或多列現金支出總額。

即出納員或收款員故意將現金日記賬收入或支出的合計數加錯，少列收入或多列支出，導致企業現金日記賬帳面餘額減少，從而將多餘的庫存現金佔爲己有。

②塗改憑證金額。

即會計人員利用原始憑證上的漏洞或業務上的便利條件，更改發票或收據上的金額，一般是將收入的金額改小，將支出的金額改大，從而將多餘的現金佔爲己有。

③使用空白發票或收據向客戶開票。

這種手法較爲隱蔽，會計人員可以將這部份收入據爲己有。

④隱瞞收入。

指會計人員通過撕毀票據或在收入現金時不開具收據或發票，也不報賬或記賬。這樣一來，收入就可以流入自己的腰包。

⑤換用「現金」和「銀行存款」科目。

根據規定，對於超過 100 元的收支業務，應通過銀行轉賬的方式進行結算。在實際工作中，存在著超出此限額幾倍、幾十倍的現金收支業務，這爲企業會計人員貪污現金創造了極好的條件。會計人員可以將收到的現金收入不入現金賬，而是虛列銀行存款賬，從而侵吞現金。也可將實際用現金支付的業務，記入銀行存款科目，從而將該部份現金佔爲己有。

⑥頭尾不一致。

經辦人員在複寫紙的下面放置廢紙，利用假複寫的方法，使現金存根的金額與實際支出或收入的金額不一致，從而少計收入，多計支出，以貪污現金。

⑦侵吞未入賬借款。

指會計人員與其他業務人員利用承辦借款(現金)事項的工作便利條件和內部控制制度上的漏洞，對借入的款項不入賬，並銷毀借據存根，從而侵吞現金。

⑧虛列憑證，虛構內容，貪污現金。

通過改動憑證，或直接虛列支出，如薪資、補貼等，將報銷的現金據爲己有。

⑵挪用現金

挪用現金是有關當事人利用職務之便或未經批准在一定時間內將公款私用的一種舞弊行爲。挪用現金比貪污現金在性質上輕微些，因爲挪用現金後，當事人未塗改、僞造會計憑證，未進行虛假的賬務處理。挪用現金舞弊的形式有很多，其主要手法有：

①用現金日記賬挪用現金。

一般地講，當庫存現金與現金日記賬餘額和現金總賬餘額相符時，現金不會出現問題。但是，因爲總賬登記往往是一個星期或一旬登記一次，當登完總賬，並進行賬賬和賬實核對後，就可利用尚未登記總賬之機，採用少加現金收入日記賬合計數或多加現金支出日記賬合計數的手段，來達到挪用現金的目的。

②利用借款挪用現金。

企業在日常的生產經營過程中，常常會發生一些零星的現金支付，比如職工預借差旅費、採購員預借採購款等。在這些業務中，如果企業確實發生了相關的業務，會計處理上並沒有什麼相關的錯弊發生。但是，在有的情況下，企業的主管人員卻可以利用合理借款的藉口，來達到挪用現金的目的。

例如，某企業主管人員利用借款的形式爲單位職工簽批借條一張，職工借款後並未利用借款實現借條上的業務，而是將其挪作私人之用。

③延遲入賬，挪用現金。

按照財務制度的規定，企業收入的現金應及時入賬，並及時送存銀行，如果收入的現金未制證或雖已制證但未及時登賬，就給出納員提供了挪用現金的機會。

④循環入賬，挪用現金。

企業在行銷過程中，出於商業上的目的，往往利用商業信用進行銷售商品或提供勞務。廣泛利用商業信用的方法，爲企業會計人員或出納人員挪用現金大開方便之門。採用循環入賬的手法挪用現金，企業會計人員或出納人員可在一筆應收賬款收到現金後，暫不入賬，而將現金挪作他用；待下一筆應收賬款收現後，用下一筆應收賬款收取的現金抵補上一筆應收賬款，會計人員或出納人員繼續挪用第一筆應收賬款收取的現金；等第三筆應收賬款收現後，再用第三筆應收賬款收取的現金抵補第二筆應收賬款。如此循環入賬，永無止境。

2.防止現金舞弊的手段

企業每天流進流出的貨幣資金很多，現金的收支也很頻繁。試想一下，如果企業只有一名會計，而收錢記賬都是他一個人的事，當收到一筆款項後，會計可以不記賬，並毀掉相關憑據，管理者如果忘了還有這麼一筆收入，那這筆現金可就不知去向了。事實上，任何一個企業的管理者也不會那麼傻，企業往往會安排兩個人中的一個人記賬，審核憑據，另一個人收取現金，這種制衡監督的方法也是現金管理的最基本方法。那麼還有那些措施可以有效地防止黑手伸向企業的現金呢？

⑴明確由誰來負責企業現金管理

首先要指定一個人來負責現金管理，而其他任何人員不得干涉公司的現金收支。這樣就可以有效地防止其他人員利用工作之便接觸企業現金。

⑵規定零用金暫支的最高標準

有時由於工作需要，一些部門需要預支一部份零用金，企業應根據實際情況規定一個標準。並同時規定經手人應在一定期限內（如一週內）取得正式發票或收據並加蓋經手人與主管之費用章後，由現金管理人沖轉借支。還可以再加上一條，如果超過一定期限（如一週）未辦理沖轉手續時，則該款項轉入經手人私人借支戶，並在當月發薪時一次扣還。這樣做的意義在於保全企業資產。

⑶現金管理與記賬相分離

管錢的不管賬，管賬的不管錢，省得發生事情時大家誰也說不清楚。

⑷**逐日逐筆登記現金日記賬**

現金日記賬一般由現金的管理者來負責登記，並定期與會計的總分類賬相核對。

⑸**認真保管憑證**

許多企業的憑證保管比較簿弱，針對這一情況，企業有必要加強會計憑證的保管。

⑹**定期對企業現金業務進行檢查**

「賬」不是記完就完了的，只有定期檢查才能發現其中的問題。

①首先要檢查企業的「錢、賬是否分離、支出是否經過審批」。關鍵是看錢賬是否真的分離，比如出納林小姐休產假，讓會計楊小姐代替其工作，實際上在林小姐休假期間，錢、賬是沒有分離的。看收支是否經過審批，現金付出憑證是否經過覆核才付款，主要是明確每筆現金支出的責任人，以便發生問題時落實責任。

②檢查貨幣資金賬實是否相符，如有不符，及時查明原因。企業應定期盤點現金並編制現金清點表。

③檢查各項貨幣資金收支業務及其原始憑證是否合規、完整、合法、合理；各項手續是否齊全，有無營私舞弊、違紀違法的收支業務。檢查與現金有關的收款收據、發票是否由專人保管。順序編號，領用簽章，存根覆核和定期清查盤點。

④查看現金日記賬是否每天結出餘額，抽查合計數和餘額計算是否正確，並與總賬現金賬戶的餘額進行必要核對。審查入賬憑證號數，看看是否按順序入賬，若有顛倒應查明原因；

對於摘要語意含糊或與經營活動無關的收付業務和說明清楚的違規違紀收付業務等要嚴加審查。

⑤檢查現金收付業務憑證，按現金日記賬的記錄審核記賬憑證和所附原始憑證，核對賬、證記錄是否一致，審核記賬憑證反映的數額是否與所附原始憑證反映的數額相符；審查原始憑證的真實性和記錄業務的合法性、合規性，如憑證有無塗改、刮補、僞造的跡象；審核記賬憑證上的分錄(包括總賬科目和明細賬科目)是否反映了原始憑證記錄的實際，是否符合對應關係的要求。

⑥爲了防止財務人員挪用現金，可以突擊查庫，看有無現金日記賬上結餘存款額，而實際庫存現金少，或以白條抵庫的情況。

以上給出的幾點都是從制度設計上保證企業現金的安全。及時檢查現金業務是最有效的防止現金流失的方法，也達到管理中控制與回饋的要求。此外，企業還可以利用人事管理來防止黑手伸向現金，那就是要選擇責任心強，對企業忠誠度高，同時又不善於人際關係的人來負責該項業務，這樣做在一定程度上也會降低現金流失的風險。

第 5 章

你的成本到底有多少

一、成本的構成

圖 5-1　產品成本構成圖

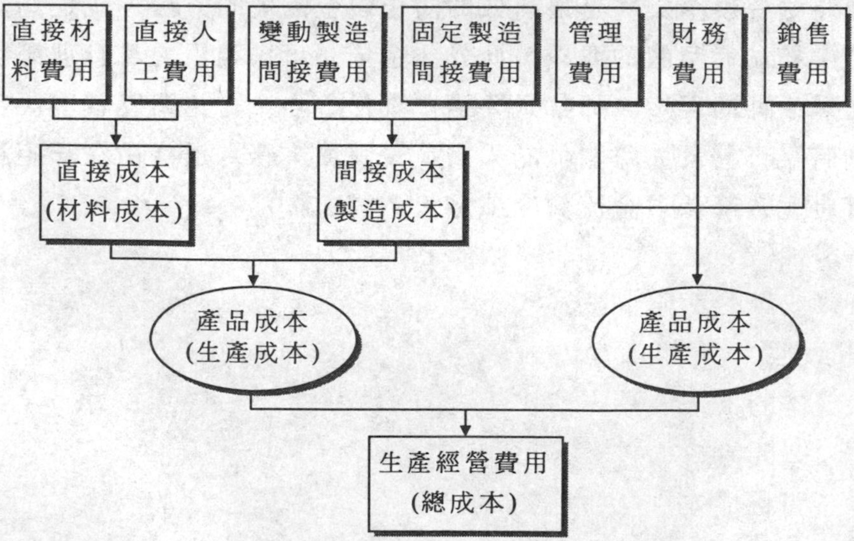

成本是企業管理中非常重要的因素，成本控制的程度直接與企業的經營效益聯繫在一起。所以，成本的問題就是管理的問題。進行成本管理，首先要從瞭解企業成本的具體構成開始(見圖 5-1)。由圖可知，企業生產經營的總成本分爲兩個方面：生產成本和經營成本。

1. 生產成本

⑴直接成本

直接成本就是材料成本，包括直接的材料費用和直接的人工費用兩部份：直接材料費用包括企業生產的主要原材料、輔助材料和能源等費用；直接的人工費用是指加工一個產品直接消耗的人工成本。

在對企業的生產成本進行分類時，一定要將人工成本分攤到每一道工序的成本中去，這樣才能夠對成本掌握得更準確。有時，企業會把一些輔助的人工大量轉移到製造費用裏去。但一般來說，如果能夠區分出是在那一道工序支出的人工費用，就應當儘量將成本轉移到該道工序中去，這是財務成本分類中應掌握的一個原則，即儘量將成本往前端提，這樣可以更好地區別出具體工序中成本的大小。一般傳統製造產業，其直接成本都會佔到總成本的 50%以上，這成了成本的主要構成要素。直接成本的管理主要是生產效率和能耗的控制。在實際製造過程管理中，每個環節的有效控制和流程改善是關鍵。重大的直接成本的下降，往往和技術創新有直接關係。

⑵間接成本

間接成本包括變動的製造間接費用和固定的製造間接費用。在企業的生產成本中，這兩部份間接費用也很多。變動的製造間接費用，是指沒有辦法分攤或者區別的輔助人員的薪資。固定的製造間接費用，主要是指廠房、設備等的折舊費。

直接成本是可以直接計算出來的，因此可以直接計算出單位變動成本；而間接成本則要分攤到單位成本裏面去。企業核算成本時，分攤的方法有很多。有的是根據產量分攤，有的是根據所消耗的工時來分攤，但無論選擇那種分攤方式，都是越接近真實情況越好。

(3)生產成本的計算方式

直接成本和間接成本構成了企業的生產成本。生產成本的計算是按月來劃分的。首先，很多企業並非是定制化生產，而是大規模生產，產品生產出來後是進入一個產成品倉庫，作爲一個蓄水池。每次銷售的時候，再從倉庫不斷地往外發送。從這個角度看，就會出現一個問題，即你當月的生產成本並非是你結算的成本，而加權平均的銷售計算成本才是你每個月的財務計算成本。

其次，製造業最大的問題是生產的季節性變化，企業在旺季超負荷運轉，淡季卻十分清閒，導致成本的跳躍度非常大。

再次，原材料價格的大變動，導致結算成本產生差異，特別是企業的材料成本佔總成本的比例較大時，會直接導致某月因爲所進材料成本過高而虧損。

所以，我們不能簡單根據加權平均累計來計算成本，還要用實際的收益來結算成本，掌握真實的成本支出情況。

2.經營成本

除了生產成本之外，影響產品成本的還有幾個要素，即銷售費用、財務費用和管理費用，這三項費用構成了企業的經營成本。

⑴企業的形態不同，其成本分攤也不同

企業的形態不同，它的成本分攤也不一樣。一般而言，制造型企業的生產成本會很大，而市場經營型企業的經營成本會很大。

比方說，湖州是最大的服裝城之一，但是湖州的服裝廠很多是為國際品牌做貼牌生產(OEM)，那麼這些服裝廠的主要成本就是生產成本。而和這些服裝廠合作的品牌，如耐克、皮爾・卡丹等，它們沒有工廠，只做行銷和設計，通過設計、廣告、行銷等來經營一個品牌，因此它們的主要成本是經營成本。由此可見，雖然同樣是經營服裝的企業，但是其成本構成卻不同。

另外，來料加工、來件裝配、進料加工、出料加工和補償貿易等加工貿易方式的成本結算也都是不一樣的。

⑵如何控制經營成本

現在，企業普遍存在的情況是，經營成本的核算太粗糙。如果企業的經營成本很大，那麼企業應該根據業務線進行分項管理。比如，從企業的物流、廣告、專賣店、人工等方面，按照業務量的大小，對經營成本進行分攤。雖然銷售費用總額比較大，但是可以由下面的諸多項目來分攤，這樣就把企業的銷售費用和管理結合了起來。如果企業只計算一個總量，那麼企業的銷售費用就會失控。

⑶如何控制管理費用

一般來說，企業經營到一定規模的時候，比如生產銷售額達到了億元，就可能會出現瓶頸，即管理的損耗加大，導致管理費用膨脹。此時，企業應該先做加法，再做減法。

所謂先做加法再做減法，是指企業先支出一定的費用來改善管理，把管理落到實處，從而促進企業效益的提升和整個成本的下降。當企業的規模擴大、辦事處增多、業務線拉長時，管理的寬度就會加大。企業要想改善管理，就要先投入人力、物力，比如做績效考評、做明細核算、請管理人才、外聘管理顧問公司等，相應的人員和費用就會增多，但是一旦把管理落到實處，企業效益就得以提升，整個成本也就降了下來。所以，管理一定是先增加一些費用，後再大幅減少成本。

由此可見，企業做到一定的階段，管理費用就會跳起來。這個時候控制管理費用，就要做到分部門、分職能、分項管控。這樣，企業的管理費用控制才能落到實處。切忌把分不清楚或者管理很粗的費用簡單歸入管理費用，導致管理費用變成一個大雜燴、無底洞。

綜上所述，產品成本和經營成本共同構成了生產經營的總成本。但是企業不同，各個成本的權重也不一樣。

二、如何控制生產成本

企業要控制生產成本，就要採取過程管理的方法，即從事前、事中、事後三個環節來對生產成本進行控制。如圖 5-2 所示：

1. 事前控制

企業要做好事前控制，首先要確立貿易方式，然後再制定目標成本，即標準成本。沒有標準，企業就沒有辦法控制成本點。標準成本要落實到每道工序、每個點上。因此，企業要編制成本預算。成本預算要跟整個責任單位聯繫在一起。俗話說，讓用錢的人去省錢是最有效的辦法。所以，企業把目標成本建立起來之後，要把成本進行細化分解，然後下發到各個責任單位去。這樣，事前控制中的生產成本就按照成本預算表下發到了事中的控制環節。

圖 5-2　過程改進圖

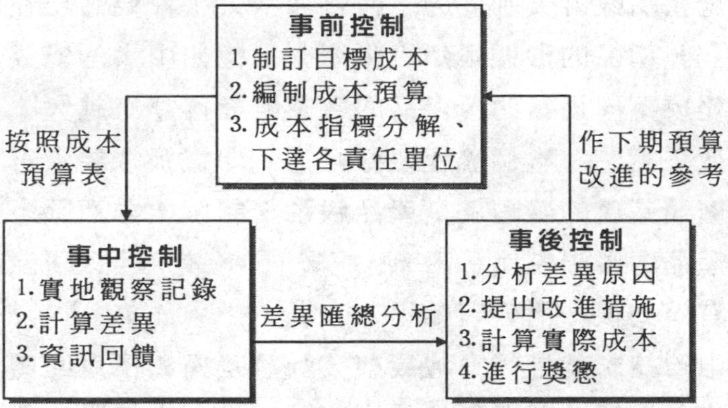

2.事中控制

企業在整個生產成本控制環節中，一定要建立產品跟蹤卡制度。企業在生產過程中的成本情況與產品跟蹤卡的精細度密切相關。

什麼是跟蹤卡呢？就是在生產過程中，當第一批原材料進入生產流程後建立的一張卡，它跟隨著材料一起移動，每一道工序加工的產量、品質、消耗、工時等都要登記在卡中，然後再移到下一道工序去。這張卡同時也是一張控制卡，比如，某道工序加工沒有完成時，就無法移到下一道工序。所以，產品跟蹤卡制度是企業基礎管理水準最重要的體現。

但是，產品跟蹤卡制度也是企業管理工作中的難點，主要在於要打通整條生產線才能把每道產品工序都控制起來，如果出現產品品質問題或者客戶投訴，企業就可以根據產品跟蹤卡迅速找到是那道工序、那個控制點、那位責任人出了問題。但需要注意的是，很多企業非常機械而簡單地執行產品跟蹤卡制度，沒有發揮出產品跟蹤卡的統計管理、核算、控制等作用。

實施產品跟蹤卡制度的工作量非常大，主要體現在兩個方面：第一，產品的形態不斷發生變化，比如由大的變成小的，由小的變成不同規格的，產品的數量雖變得越來越大，但卻越來越分散；第二，整個流程要打得通，即這張卡要跟得下來。製造工廠最基礎的管理就是產品跟蹤卡制度。雖然很多企業也實施了產品跟蹤卡制度，但一不連貫，二沒有項目考核控制點，所以沒有達到很好的管理效果。

事中的控制就是，實地觀察、計算差異和信息回饋。企業經常會出現這樣一個問題，月底統計好了再來算賬，但那時已經來不及了。所以，企業最好能夠做到隨時監控。如果這道工序加工後沒有經過檢驗，下一道工序就不能接收。在產品加工的過程中，管理者每隔三個小時就要依次檢查，同時使每位工人都瞭解到當天的工作成效。把成本控制在當天，是最有效的。因爲時間越長，後面的消耗就越大，以至於連糾正的時間都沒有。所以，企業當天就應該把問題解決。比如，海爾的日清制度就是在產品跟蹤卡的基礎上建立的。

3. 事後控制

在生產流程結束以後，企業還要進行匯總分析，即進行日控制、週總結和月匯總。一般來說，企業都會有一個生產日報表，但很多企業的生產日報表太粗，所以，企業應該更精細化地分析差異原因，提出改進措施，計算實際成本，進行獎懲。管理者能夠統計出當天那一項工作成本高了，誰的工作沒有完成，那麼當天就要提出改善，這樣就把整個成本工作控制住了。

總之，對生產成本的全過程控制是一項非常精細的工作。

三、成本控制的要點

企業要做好成本控制需要把握好七大要點。

1.「三全」觀念

所謂「三全」觀念，第一要全程，就是整個生產經營的過程都要考核；第二要全面，是指整個的覆蓋面都要表現出來，不能遺漏；第三要全員，是指每個工區、每道工序都不能遺漏。比方說，清潔工每個月用幾個掃把等，都要有明確的規定。因為，沒有規定，就沒有標準，就沒有好壞的差別。

具體而言，首先要學會把自己企業的整個經營業務的流程描繪出來，然後再把每個流程中的每個結點和分叉點描繪出來，每個結點會影響到那些績效也要標註出來，這樣才比較全面。有一種觀點認為，企業的整個業務流水線很容易畫出來。但是，企業往往沒有把後勤管理線覆蓋進去，比如管理部門、人力資源部、財務部等部門就沒有考核制度，這些都要引起我們的注意。在控制成本時，過程不能遺漏，全員也不能遺漏，要做到即使連清潔工都要有相應的指標。

2.考核各項成本支出

有這樣一句口號──「千斤重擔大家挑，人人頭上有指標」。總經理要善於想辦法把自己的日常工作分解下去。

企業在費用管理上建立備查制度，到各地的費用都要作詳細的登記。不同的人員到一個地方的費用開支有了標準，審查起來就容易得多。

企業所有的支出都要考核，比如 A 地到 B 地的車票，別人每次去都是 120 元，而有的員工去就是 150 元，爲什麼他出差總是比別人貴呢？這就說明有問題。一般來說，我們事先會告訴大家公司有備查薄的登記，但是，還是會出現這樣的情況。比如，有人坐公共汽車，明明花了兩元錢，卻讓售票員撕一張五元的票到公司報銷。這是否合法？合法但是不合情理。那麼，我們應該怎麼辦？

要建立一種考核制度。

⑴要訂立精確的考核標準。雖然很多企業訂立了標準，但訂得很鬆散，結果考核缺少了依據，無法起到爲效益服務的作用。

⑵所有考核的支出是在整體效益上的分解。考核支出只有和效益聯繫起來，才能充分體現。

⑶捍衛公司的制度，將其作爲鐵的紀律。業務員報假發票的事情是經常有的，以前就處理過這種事情。比如，業務員把發票改一下，在 300 元的發票上另外補兩筆，就變成了 800 元的。這個時候，公司要建立很強硬的制度，即誠信的文化，一旦發現業務員做假，就立刻將其開除。因爲，沒有誠信的文化做基礎，企業任何的考核都落不到實處。

這種考核的支出，實際上跟企業的各項細化管理結合在一起。當然，也不能夠爲了減少支出考核，大家該做的不做了，那也不是好事情，比如銷售，只有先投入才有產出。所以，企業要有一個預算管理的制度，但最關鍵的問題還是所有的支出都需要考核。

3.目標和現實

一說到考核成本，企業總會出現一個問題，就是目標定了，而現實狀況老「抓」不到位。實際上，目標定在什麼程度很重要，一定要切實可行。很多企業沒有建立很好的承諾文化，就是說我們彼此商量的這個目標可以達成，就建立一種承諾的關係，大家一定要全力以赴去做到，如果做不到，我們就要承擔沒有做到的責任。但是，現實是怎樣的呢？很多企業是，大家事先知道做不到，但還是要做一下文章。什麼原因呢？說得好聽點就是取之上，擇其中，先把目標定得高高的，雖然達不到，但是我們努力一下試試看。這樣做久了，大家也知道反正老闆心裏明白，員工也就做「疲」了。所以，很多企業最後制定目標時就變成「心照不宣」了，企業的承諾文化也就無法建立起來。

要協調好目標和現實的關係。目標要定在個人能夠跳一跳夠得著的地方，不要定得不切實際。

4.制度與能動性

有一位下屬這樣說：「這個制度這樣定很好，但是在某一種情況之下，是沒有辦法做到的。」大家都知道，一個制度如果要適應所有的情況是不可能的，能夠適應 70%的情況就可以做了。對企業來講，有制度總比沒有好，你可以把現在知道的特殊情況列出來。「但是」的情況會有，而如果非要把「但是」的情況都做到的話，什麼制度都沒有辦法推行了。

在香港的一家上市公司工作時，有一位經理總是愛拖延。就問他：「你這個事情為什麼還沒做？」

他回答說：「這個事情要考慮得更全面一些，如果我們考慮不充分的話，造成的損失更大。」

就跟他講：「如果你考慮太充分的話，你不行動造成的損失更大，因為你連機會都沒有。現在的社會不是端起槍然後瞄準後才開槍，而是端起槍就開槍，瞄準都沒有時間給你了。如果你這樣工作的話，你永遠沒有辦法行動。」

的確，這位經理主管的部門效益最差，但是他每次開會時都能講得頭頭是道，這個也不是，那個也不是，「然而、但是、所以、結果」幾個轉折下來就把責任推卸掉了。實際上，他是因為恐懼，所以不敢行動。像這樣的經理就不是一位好經理。

所以，大家要注意到制度和能動性的問題，這也是一個管理者心理承受力的問題。

5. 特殊和正常

任何狀態之下都有特殊性和正常性，所以我們要善於進行歸納。普遍發生的情況，我們要從制度上找原因；經常發生的事情，我們要從規律上找原因。我們要善於在每個結點上、每一道工序上，把正常的狀態歸納起來，然後對特殊情況進行歸類，針對這些特殊狀態去尋找突破口。但是，並不是所有的問題都要馬上去解決，只要把影響最大的問題解決掉就行。

同時，還要善於堅持，比如龜兔賽跑，烏龜爬得慢但是堅持跑，就是了不起的事情。眾所週知，達爾文的身體不好，每天只能工作一個小時，然而他堅持不懈地工作了三十年，同樣成了著名的科學家。

所以，很多的問題需要在行動中去找規律，在行動中去克服。我們要把正常的歸納起來，然後去調整它的特殊性；不能過度地重視特殊性，否則就破壞了它的整體性。

6. **成本與品質，成本與功能**

企業進行成本管理或者技術改造的時候，需要權衡一個難題：成本控制會影響到功能，功能提升會帶動成本提高。所以，在此給大家提供一張很有意思的表單，可以在實際工作中作爲考核業績，評估成本、功能和品質的一種方式。

不要想什麼都好，十全十美是不可能的。如表 5-1 所示，企業在實際工作中可能會遇到這樣幾種情況：

表 5-1　成本、功能和價值分析表

序號	功能 F	成本 C	價值 V	星級	綜合關係	說明
1	↑	↑	↑	☆	F↑/C↑=V↑	增加少許成本，提高更多功能，價值提高
2	↑	→	↑	☆☆	F↑/C→=V↑	成本不變，功能提高，價值提高
3	↓	↓	↑↑	☆☆☆	F↓/C↓=V↑↑	在基本不影響主要功能的前提下，適當降低某一次要功能，使成本有顯著降低，價值提高
4	→	↓	↑	☆☆☆☆	F→/C↓=V↑	功能不變，降低成本，價值提高
5	↑	↓↓	↑↑	☆☆☆☆☆	F↑/C↓↓=V↑↑	在提高功能的同時降低成本，價值顯著提高

⑴如果增加少許成本能夠獲得更多的產品功能，價值感也提高了，我們就可以給它打一顆星，即這種方法可以去做；

⑵如果成本不變，功能提高，價值也提高，那麼優於第一種情況，我們給它打兩顆星；

⑶如果在基本不影響主要功能的前提下，適當地降低某一次要功能，使成本顯著降低，價值也能提高，那麼優於前兩種情況，我們給它打三顆星；

⑷如果功能不變，而成本降低，價值又能提高，那麼優於前三種情況，可以得到四顆星；

⑸如果在提高功能的同時又降低了成本，價值也顯著提高，這是最好的一種情況，就可以得到五顆星，但這需要創新才行。

所以要用這張表來表示，是因爲我們在實際的管理過程中，經常出現這樣的問題；大家在開會討論問題的時候，腦子一團亂麻，這也好，那也好；這也有問題，那也有問題；最後往往把一個很好的方案消滅掉了。所以，我們應該制定一些很好的測量標準，如果你提出的方案符合這幾條，就可以去做。這樣，你的企業才能成長。

7.創新與突破

我們要實實在在地加強成本管理，實際上有很多工作要做。有些傳統行業的成本管理要落實到小數點後面兩位數。那怎麼辦？這就需要每一天都鼓勵創新。成本控制、成本考核制度非常重要的就是創新，大的創新往往可以帶來很好的成本改善。但是，現在有很多企業雖然主張創新，卻不善於把創新變成生產力，沒有將創新變成全體員工的一種工作，更沒有把創新變成企業持續性的一種行爲。因此，企業要想突破，就要在創新上面做足工夫。

⑴只有大的改造才是創新嗎

要實現企業的創新，不是說大的改造才是創新，實際上，小的調整也叫創新，不要把創新做成一個非常複雜的東西。比如，原來這個廠車每天都走這條路，但是後來我們發現了一條新路，可以更快地到達公司，這也叫創新。

⑵如何建立企業的創新文化

企業要創新首先要建立一種好的創新文化，就是要鼓勵員工敢於改變。一般來說，企業經營時間越久就越能形成習慣模式。發現了一個很有意思的現象：很多企業的會議室在不斷改變，而創新力卻在不斷下降。比如，企業規模小的時候，經常在辦公室或者走廊裏面，幾個人站著一起商量事情。企業經營好了以後，有了一張會議桌，大家開會時可以在會議桌上面聊天，時間也開始有所浪費。企業經營再好一點，有了一個會議室，雖然椅子硬一點，但是畢竟有一個單獨開會的地方，可以泡一杯茶在那裏慢慢地邊喝邊談。當企業經營得很好，變成集團公司、上市公司時，會議室就變成了全封閉、「軟包裝」的，每個人面前都有一個話筒，可以把門關得緊緊的，一堆人在那裏閉門造車。

有一次，到某日本知名企業去考察交流。該企業是行業內的全球頂級企業，但是，剛開始到工廠視察的時候，看那並不像一個工廠：門口非常小，上面寫著「非請勿入」，也沒有像我們國內企業大門口站著的保安。進去以後，看見一排小平房，那就是辦公室。會客室是折疊式的會議桌拼湊起來的，坐的也是手折椅，一行五人進去後顯得非常擁擠。在會客室聽完彙報去參觀工廠時，路過一個用布搭的篷子，廠長介紹說這是雜物倉庫。於是，就問他，「為什麼用這個布拉起來？」

他回答說：「這個是不賺錢的地方啊！能用就可以了。」又問道：「那個帆布拉起來多少年了？」

他說：「十五年了。」

後來，進入工廠一看，原來真正掙錢的地方就是不一樣：偌大的一個現代化工廠裏幾乎看不到人，全部是流水線運作。不像我們國內的一些企業，工廠環境一塌糊塗，但是辦公室非常氣派。

比如，有一個學生打電話說：「我們搬到開發區去了，我的辦公室非常好，你過來看看吧。」有一天，正好路過，便去看了一下。他叫秘書帶去辦公室。過了第一道門還有第二道門，過了第二道門還有一個秘書室，最後進去一看，辦公室既大又氣派。但是，進他的工廠一看，卻還是老工廠的那些破舊設備。於是，便問他：「企業到底是什麼在掙錢？」

所以，做企業還是實在一點，要想那裏是在增加成本，那裏可以帶來贏利。

⑶如何鼓勵員工去創新

企業要強化員工的成本意識，鼓勵他們去創新。我們應該鼓勵員工多提意見。比如，企業規定只要提出意見，不管採用與否都有一定的獎金；可以根據員工的貢獻率，每個月、每年度評一個創新獎，這樣可以讓員工更加關心自己的工作。在每一個工作段和工作結點上提倡改善，都能讓企業有很大的發展。

在經營企業的過程中，這種點點滴滴的創新非常多。比如，我們每個月都會貼一整牆有關員工創新的情況，所有的員工都會感覺到他的工作被重視，於是自己便更加努力去創新。這樣，企業就建立起了一種自上而下全面創新的文化。

成本管理實際上是整個公司、整個經營管理內在的自我挖潛的能力，是衡量企業管理的能力和精細度的重要指標。成本管理到了什麼程度，就是企業精細化管理到了什麼程度，就是企業可控點到了什麼程度。精細和可控，是整個成本管理最重要的體現。

一家製造企業為鼓勵員工創新出了一項制度；所有員工只要提出改善工作的建議，無論適用與否，都可以獲得30元/次的獎勵。如果採用了，再根據採納的效果，評定獎金，每年終都有一項創新人獎。這個制度公佈之後，全體員工的工作積極性大漲，並且更加關心自己的工作。剛開始實施，員工就提出了許多改進方案，很多都可以立刻嘗試。有些建議，公司還根據重要性，組織單項公關小組，調人員、撥專款、限時間改進，並鼓勵一些員工利用業餘時間參與。如公司一直採用設備擠原料的水分，在一線操作的一個員工發現，可將原料放在一個過濾網上，讓它們自然濾乾，12小時就可以達到生產所需要的標準，並且不影響使用，既節約設備、能源也便於操作。這個基層員工想出的這麼簡單的一個方法，就讓企業成本下降許多。

四、成本的類型

1. 機會成本

企業在進行經營決策時，必須從多個備選方案中選擇一個最優方案，而放棄另外的方案。此時，被放棄的次優方案所可能獲得的潛在利益就稱爲已選中的最優方案的機會成本。也就是說，不選其他方案而選最優方案的代價，就是已放棄方案的獲利可能。選擇方案時，將機會成本的影響考慮進去，有利於對所選方案的最終效益進行全面評價。

某公司現有一空閒的工廠，既可以用於甲產品的生產。也可以用於出租。如果用來生產甲產品，其收入為 70000 元，成本費用為 36000 元，可獲淨利 34000 元；用於出租則可獲租金收入 24000 元。在決策中，如果選擇用於生產甲產品，則出租方案必然放棄，其本來可能獲得的租金收入 24000 元應作為生產甲產品的機會成本，由生產甲產品負擔。這時，我們可以得出正確的判斷結論：生產甲產品將比出租多獲淨利 10000 元。

可見，機會成本產生於公司的某項資產的用途選擇。具體講，如果一項資產只能用來實現某一職能而不能用於實現其他職能時，不會產生機會成本，如公司購買的一次還本付息債券，只能在到期時獲得約定的收益，因而不會產生機會成本。如果一項資產可以同時用來實現若干職能時，則可能會產生機會成本。如公司購買的可轉讓債券，既可以到期獲得約定收益，又可以在未到期前中途轉讓；以獲得轉讓收益，從而可能產生機會成本。

2.**差量成本**

差量成本是指企業在進行經營決策時，根據不同備選方案計算出來的成本差異。

某公司全年需要 1000 件甲零件，可以外購也可以自製。如果外購，單價為 5 元；如果自製，則單位變動成本為 4 元，固定成本 600 元。

外購或自製決策的成本計算見表 5-2：

表 5-2　差量成本計算

方案／項目	外購	自製	差量成本
採購成本	1000×5＝5000		
變動成本		1000×4＝4000	
固定成本		600	
總 成 本	5000	4600	400

由於外購總成本比自製總成本高 400 元(即差量成本爲 400 元)，在其他條件相同時，應選擇自製方案。

差量成本還經常用於進行其他方面的決策，例如按受追加的訂貨、某項不需用的機器設備是出租還是出售等。由於差量成本等於單位變動成本乘以追加的產量數，再加上由於追加生產而追加的全部固定成本。所以，算出差量成本額後，將其與可能取得的收入進行比較，就可以根據比較的結果進行經營決策。

3. **邊際成本**

從理論上講，邊際成本是指產量(業務量)向無限小變化時，成本的變動數額。當然，這是從純經濟學角度來講的，事實上，產量不可能向無限小變化，至少應爲 1 個單位的產量。因此，邊際成本也就是產量每增加或減少 1 個單位所引起的成本變動數額。

王永慶做事情都善於精打細算，節約成本，取得良好的經濟效益。臺灣的資源有限，所以王永慶認為臺灣人沒有浪費的條件，對浪費的人他極不欣賞。1970 年左右，臺灣地區有許多人用薪材來生火做飯，王永慶大聲疾呼改用天然氣，一是因為天然氣比較省錢，二是因為木材可以做成木漿。臺灣每年燒掉300 萬噸木材，可以做成 75 萬噸木漿，1 噸木漿 140 美元，75萬噸即為 1 億零 500 萬美元。而若改用天然氣，只需 30 萬噸天然氣，進口天然氣 1 噸才 35 美元，30 萬噸則只需 1050 萬美元。因此，如果大家一律改用天然氣的話，臺灣一年就可以省下9450 萬美元了。他的這番主張，大大震驚了社會。也扭轉了人們使用能源的習慣。

王永慶曾經多次教導屬下杜絕奢靡之風，但後來發現改善不大。為此，他對管理層提出了嚴厲的批評:「我認為經營管理階層，特別是當老闆的，對此仍一無感覺，也談不上反省。到了今天，這一觀念不但無任何改善，更恐因為有了一些小小的成就而導致放鬆，則問題不但仍然存在，恐怕更加嚴重。但願我以上所說的是錯的，與事實不符，那就很萬幸，否則若不探求成就的條件背景，有了些許成就便放鬆，一放鬆什麼都忘了，再也談不上實事求是的精神。」

王永慶說:「經營企業先要有節儉精神，這便是根。經營管理講究成本，不節儉，物料就會浪費，當主管的要有這種認識，才會提高警覺，避免人、事、物的不合理。不合理的現象就是浪費。」

台塑行銷費用的節省是多方面的，若干年前，台塑有四位主管，因公請三位客人吃飯。結果，兩餐下來，一共吃掉了 2

萬元。此事被王永慶知道了以後，不但把四位主管叫來狠狠訓斥一番，還處罰了他們。抓經營必須從生活的各個方面抓起，點滴見精神。

如台塑招待所的菜色相當精緻可口，而且，有一項特色就是，菜的分量不多也不少，恰到好處，一般餐廳出菜鋪張，分量過多，而吃了一小部份倒掉一大部份的情形，在招待所裏絕不可能發生。此外，王永慶經常採用「中菜西吃」的方式，讓大家圍在圓桌上，將個人盤子端出，由侍者個別分菜，一人一份，吃完再加，既衛生又不浪費。「中菜西吃」，減少浪費，降低招待費用，既簡樸又文雅大方，又不失身份。

為了降低行銷成本，並配合管理的需要，台塑在臺北、林口、宜蘭、彰化、高雄，還有美國德克薩斯州均設有員工的招待所。

所謂「招待所」，是指擁有十幾間或二三十間不等客房的小型旅館式建築。招待所通常蓋在廠區內，內部裝飾雖少豪華，但整潔雅致，居住起來倒也舒適便利。設立職工招待所，既方便職工就餐，又節約職工消費，既能安插就業人員，又能增加企業效益。

台塑企業內的各級主管。配合管理上的需要，到各地出差的頻率非常高，招待所是應主管們出差投宿需要而設立的。既可以節約住宿費，又可免除交通費用，不但節省而且方便。

還有，一般大企業都配發高級管理人員以轎車代步，台塑基於節約的理由，不但處長級沒有配轎車，連經理級也沒有。各級主管自己配轎車是台塑的規定。

為了節約成本，王永慶還堅持在企業經營或生產活動中，自己能做的。儘量自己動手來做。因為這比請他人來做能大大降低成本。例如，台塑是一個龐大的企業集團，各相關單位使用的電梯就達 70 多個，長期以來均委託代理商維護與檢修，每年的維修費用就約 20 萬美元，是集團一項重要開支，且維修效果並不理想。

王永慶對此甚為不滿。試圖謀求改善，減少不必要的支出。1980 年，他決定解除代理商，將所有電梯的維修工作收回，讓自己集團下的長庚醫院工務部門來負責維修。這是一個 7 人組成的維修小組，並成為一個成本中心，每年付給小組 20 萬美元的電梯維修費用，其中長庚醫院工務部門抽取三成，小組一年的實際收入為 14 萬美元，由 7 人平均分配，人均年收入可達 2 萬美元。

如果完全按僱工方式管理的話，每人每年只能有 1 萬美元的薪資收入。改變為成本中心方式之後，每人年收入增加了一倍，也提高了員工的積極性與責任心，保證了電梯維修工作。同時，集團還省下了三成即 6 萬美元的費用支出。對這一改革，王永慶深有體會地說:「由於這些創造所產生的效益，促使我們進一步研討在企業內部生產部門實施的可行性。如果將每一生產工廠成立為一個成本中心，讓現任的廠長擔當經營者的職責，課長成為管理者。以下的各層幹部依此類推，由他們負起經營的責任，並充分享受經營績效提升的成果，將能激發全體工作人員的切身感，彼此密切配合，共同為追求更良好的績效而努力。這樣，不但對員工及公司有利，最重要的是通過這種方式，員工及企業的潛力才能發揮得淋漓盡致。」

4. 沉沒成本

沉沒成本是指過去已經發生並無法由現在或將來的任何決策所改變的成本。簡言之，沉沒成本是對現在和將來的任何決策都無影響的成本。

例如企業有一台舊設備要提前報廢，其原始成本為 10000 元，已提折舊 8000 元，折餘淨值為 2000 元，這 2000 元的折餘價值就是沉沒成本。假設處理這台舊設備有兩個方案可予考慮：一是將舊設備直接出售，可獲得變價收入 500 元；二是經修理後再出售，則須支出修理費用 1000 元，但可得 1800 元。在進行決策時，由於舊設備折餘價值 2000 元屬於過去已經支出再也無法收回的沉沒成本。所以不予考慮，只需將這兩個方案的收入加以比較，直接出售可得收入 500 元，而修理後出售可得淨收入 800 元(1800－1000)，顯然，採用第二方案比採用第一方案可多得 300 元(800－500)。所以，應將舊設備修理後再出售。

5. 付現成本

付現成本是指由現在或將來的任何決策所能夠改變其支出數額的成本。可見，付現成本是決策必須考慮的重要影響因素。

企業計劃進行甲產品的生產。現有甲設備一台，原始價值 50000 元，已提折舊 35000 元，折餘淨值 15000 元。生產甲產品時，還須對甲設備進行技術改造，為此須追加支出 10000 元。如果市場上有乙設備出售，其性能與改造後的甲設備相同，售價為 20000 元。在是否改造舊設備的決策中，如果我們簡單地用舊設備的折餘淨值及追加支出之和(即 25000 元)與新設備買價(20000 元)進行比較、選擇的話，就會作出錯誤的抉擇：選擇新設備將比改造舊設備節約支出 5000 元。因為舊設備的折餘淨值屬於沉沒成本，不影響我們的決策。正確的決策應該是：將改造舊設備的付現成本 10000 元與購買新設備的 20000 元進行比較，從而作出正確的抉擇：選擇改造舊設備將比購買新設備節約支出 10000 元。當然，如果在買新設備的同時可以將舊設備以 12000 元的價格變賣，那麼正確的決策應該是：將改造舊設備的成本 10000 元及變賣舊設備的收入 12000 元(機會成本)之和與購買新設備的價款 20000 元作比較，從而作出正確的抉擇：改造舊設備將比購買新設備多支出 2000 元，因而應選擇購買新設備。

6. **固定成本**

固定成本，是指在一定產量範圍內與產量增減變化沒有直接聯繫的費用。其特點是：

⑴在相關範圍內，成本總額不受產量增減變動的影響。

⑵但從單位產品分攤的固定成本看，它卻隨著產量的增加而相應地減少，如廠房、機器設備的折舊等。

固定成本可分爲酌量性固定成本與約束性固定成本兩大類。

酌量性固定成本，是指企業根據經營方針由高階層確定一定期間的預算額而形成的固定成本，主要包括研究開發費、廣告宣傳費、職工培訓費等項。

約束性固定成本，主要是屬於經營能力成本，它是和整個企業經營能力的形成及其正常維護直接相聯繫的，如廠房、機器設備的折舊、保險費、財產稅等。企業的經營能力一經形成，在短期內難以作重大改變，因而與此相聯繫的成本也將在較長期內繼續存在。

7. 變動成本

變動成本，是指隨著產量的增減變動，其總額也將發生相應的成正比例的變動的成本。如直接材料費、直接人工薪資等。

變動成本的主要特點是：

⑴其成本總額隨著產量的增減成比例增減。

⑵從產品的單位成本看，它卻不受產量變動的影響，其數額始終保持在某一特定的水準上。

必須注意，在實際工作中，有些行業(例如化工行業)的變動成本總額與產量之間的依存關係存在著一定的相關範圍。那就是說，在相關的範圍之內，變動成本總額與產量之間保持著嚴格的、完全的線性聯繫，也就是正比例的增減變動關係，但在相關的範圍之外，它們之間很可能是非線性聯繫。

8. 半變動成本

半變動成本，是指總成本雖然受產量變動的影響，但是其變動的幅度並不同產量的變化保持嚴格的比例。這類成本由於同時包括固定成本與變動成本兩種因素，所以，實際上是屬於混合成本。它通常有兩種表現形式：

⑴半變動成本有一個初始量，這類似固定成本，在這基礎上，產量增加，成本也增加，又類似變動成本。例如，機器設備的維護保養費。

⑵半變動成本隨產量的增長而呈階梯式增長，稱爲階梯式成本。其特點是產量在一定範圍內增長，其發生額不變；當產量增長超過一定限度，其發生額會突然跳躍上升，然後在產量增長的一定限度內又保持不變，如化驗員、檢驗員的薪資。

在一家日本餐廳和中國餐廳賣煮雞蛋，兩家餐廳的蛋都一樣受歡迎，但日本餐廳賺的錢卻比中國餐廳多，旁人大感不解。專家對日本餐廳和中國餐廳煮蛋的過程進行比較，終於找到了答案：

日本餐廳的煮蛋方式：用一個長寬高各 4 釐米的特製容器，放進雞蛋，加水(估計只能加 50 毫升左右)，蓋蓋子，打火，1 分鐘左右水開，再過 3 分鐘關火，利用餘熱煮三分鐘。

中國人的煮蛋方式：打開液化氣，放上鍋，添進一瓢涼水(大約 250 毫升)，放進雞蛋，蓋鍋蓋，3 分鐘左右水開，再煮大約 10 分鐘，關火。

專家計算的結果：前者起碼能節約 4/5 的水、2/3 以上的煤氣和將近一半的時間，所以，日本餐廳在水和煤上就比中國餐廳節省了 70%的成本，並且日本餐廳利用節省的一半時間提供了更快捷服務。

心得欄

第 6 章

應收賬款拖久必變

應收賬款越積越多，應收賬款收不回來，對企業到底有何影響？大量應收賬款的存在是否會拖垮一個企業？

一、應收賬款管理不善的弊端

應收賬款作爲企業的一項資產，代表著企業的債權，體現著企業未來的現金流入；作爲一種信用結算方式，應收賬款又是企業爲了擴大市場佔有率，常常大量運用的商業信用方式。

應收賬款如果處在一個正常期限內，客戶的經營和資產情況正常，是企業可以接受的；但如果應收賬款管理不善，超過了預先設定的安全期仍未收回，那麼應收款項就真的成了洪水猛獸，甚至有可能導致企業破產倒閉。

應收賬款管理不善主要存在以下 5 個弊端：

1. **加速了企業的現金流出**

賒銷雖然能使企業產生較多的利潤，但是並未真正使企業現金流入增加，反而使企業不得不運用有限的流動資金來墊付各種稅金和費用，加速了企業的現金流出，主要表現爲：

(1)企業流轉稅的支出。應收賬款帶來銷售收入，並未實際收到現金，流轉稅是以銷售爲計算依據的，企業必須按時以現金交納。企業交納的流轉稅如增值稅、營業稅、消費稅、資源稅以及城市維護建設稅等，必然會隨著銷售收入的增加而增加。

(2)所得稅的支出。

應收賬款產生了利潤，但並未以現金實現，而交納所得稅必須按時以現金支付。

(3)現金利潤的分配，也同樣存在這樣的問題。

另外，應收賬款的管理成本、應收賬款的回收成本都會加速企業現金流出。

2. 誇大了企業經營成果，增加了企業的風險成本

企業實行的記賬基礎是權責發生制，發生的當期賒銷全部記入當期收入。因此，企業賬上利潤的增加並不表示能如期實現現金流入。會計制度要求企業按照應收賬款餘額的百分比來提取壞賬準備，壞賬準備率一般爲 3%～5%(特殊企業除外)。如果實際發生的壞賬損失超過提取的壞賬準備，會給企業帶來很大的損失。因此。企業應收款的大量存在，虛增了賬面上的銷售收入，在一定程度上誇大了企業經營成果，增加了企業的風險成本。

3. 降低了企業的資金使用效率，使企業效益下降

由於企業的物流與資金流不一致，發出商品，開出銷售發票，貨款卻不能同步回收，而銷售已告成立，這種沒有貨款回籠的入賬銷售收入，勢必產生沒有現金流入的銷售業務損益產生、銷售稅金上繳及年內所得稅預繳，如果涉及跨年度銷售收入導致的應收賬款，則可產生企業流動資產墊付股東年度分紅的現象，久而久之必將影響企業資金的週轉，進而導致企業經營實際狀況被掩蓋，影響企業生產計劃、銷售計劃等，無法實現既定的效益目標。

4.增加了應收賬款管理過程中的出錯概率

企業面對龐雜的應收款賬戶，核算差錯難以及時發現，不能及時瞭解應收款動態情況以及應收款對方企業詳情，造成責任不明確，應收賬款的合約、承諾、審批手續等資料的散落、遺失有可能使企業已發生的應收賬款該按時收的不能按時收回，該全部收回的只有部份收回，能通過法律手段收回的，卻由於資料不全而不能收回。直至到最終形成企業單位資產的損失。

5.對企業營業週期有影響

營業週期即從取得存貨到銷售存貨，並收回現金爲止的這段時間，營業週期的長短取決於存貨週轉天數和應收賬款週轉天數，營業週期爲兩者之和。由此看出，不合理的應收賬款的存在，使營業週期延長，影響了企業資金循環，使大量的流動資金沉澱在非生產環節上，致使企業現金短缺，影響薪資的發放和原材料的購買，嚴重影響了企業正常的生產經營。

二、應收賬款管理內容

應收賬款管理工作做的好，首先應建立完善的應收賬款管理制度。信用政策是應收賬款管理制度的主要組成部份，包括信用標準、信用條件和收賬政策 3 個方面。

1. 信用標準

信用標準是企業同意向用戶提供商業信用而提出的基本要求，通常以預期的壞賬損失率作爲判別標準。如果企業的信用標準較嚴，只對信譽很好、壞賬損失率很低的用戶給予賒銷，則會減少壞賬損失，減少應收賬款的機會成本，但這可能不利於擴大銷售量，甚至是銷售量減少；反之，如果信用標準較鬆，雖然會增加銷售，但會相應的增加壞賬損失和應收賬款的機會成本。

2. 信用條件

信用條件是指企業要求用戶支付賒銷款項的條件，包括信用期限、折扣期限和現金折扣。信用期限是企業爲用戶規定的最長付款時間，折扣期限是爲用戶規定的可享受現金折扣的付款時間，現金折扣是在用戶提前付款時給予的優惠。提供比較優惠的信用條件能增加銷售量，但也會帶來應收賬款機會成本、壞賬成本、現金折扣成本等額外的負擔。

3. 收賬政策

收賬政策是指信用條件被違反時，企業採取的收賬策略。企業如果採用較積極的收賬政策，可能會減少應收賬款成本，減少壞賬損失，但要增加收賬成本。如果採用較消極的收賬政策，則可能會增加應收賬款成本，增加壞賬損失，但會減少收賬費用。在制定收賬政策時，應權衡增加收賬費用與減少應收賬款機會成本和壞賬損失之間的得失。

合理的信用政策應把信用標準、信用條件、收賬政策結合起來，考慮三者的綜合變化對銷售額、應收賬款機會成本、壞賬成本和收賬成本的影響。

根據應收賬款管理制度，針對在企業應收賬款分析中發現的問題採取相應的辦法，解決公司在應收賬款回收中出現的問題，加快公司的資金循環，提高資金利用效率，實現企業的效益目標。

三、應收賬款管理的技巧

1.加強應收賬款的日常管理工作

公司在應收賬款的日常管理工作中，有些方面做得不夠細，比如說，對用戶信用狀況的分析，賬齡分析表的編制等。具體來講，可以從以下幾方面做好應收賬款的日常管理工作：

⑴做好基礎記錄，瞭解用戶付款的及時程度

基礎記錄工作包括企業對用戶提供的信用條件，建立信用關係的日期，用戶付款的時間，目前欠款數額以及用戶信用等級變化等，企業只有掌握這些信息，才能及時採取相應的對策。

⑵檢查用戶是否突破信用額度

企業對用戶提供的每一筆賒銷業務，都要檢查是否有超過信用期限的記錄，並注意檢驗用戶所欠債務總額是否突破了信用額度。

⑶掌握用戶已過信用期限的債務

密切監控用戶已到期債務的增減動態，以便及時採取措施與用戶聯繫，提醒其儘快付款。

⑷分析應收賬款週轉率和平均收賬期

看流動資金是否處於正常水準，企業可通過該項指標，與以前實際、現在計劃及同行業相比，藉以評價應收賬款管理中的成績與不足，並修正信用條件。

⑸考察拒付狀況

考察應收賬款被拒付的百分比，即壞賬損失率，以決定企業信用政策是否應改變，如實際壞賬損失率大於或低於預計壞賬損失率，企業必須看信用標準是否過於嚴格或太鬆，從而修正信用標準。

⑹編制賬齡分析表

檢查應收賬款的實際佔用天數，企業對其收回的監督，可通過編制賬齡分析表進行，據此瞭解，有多少欠款尚在信用期內，應及時監督；有多少欠款已超過信用期，計算出超時長短的款項各佔多少百分比；估計有多少欠款會造成壞賬，如有大部份超期，企業應檢查其信用政策。

2.加強應收賬款的事後管理

⑴確定合理的收賬程序

催收賬款的程序一般為：信函通知、傳真催收、派人面談、訴諸法律。在採取法律行動前應考慮成本效益原則，遇以下幾種情況則不必起訴：訴訟費用超過債務求償額；客戶抵押品折現可沖銷債務；客戶的債款額不大，起訴可能使企業運行受到損害；起訴後收回賬款的可能性有限。

⑵確定合理的討債方法

若客戶確實遇到暫時的困難，經努力可東山再起，企業幫助其渡過難關，以便收回賬款，一般做法為進行應收賬款債權重整：接受欠款戶按市價以低於債務額的非貨幣性資產予以抵償；修改債務條件，延長付款期，甚至減少本金，激勵其還款。

如客戶已達到破產界限的情況，則應及時向法院起訴，以期在破產清算時得到部份清償。針對故意拖欠的討債。可供選擇的方法有：講理法；惻隱術法；疲勞戰法；激將法；軟硬術法。

3. **應收賬款核算辦法和管理制度**

加強公司內部的財務管理和監控，改善應收賬款核算辦法和管理制度，解決好公司與子公司間的賬款回收問題，下面從幾個方面給出一些建議：

⑴**加強管理與監控職能部門，按財務管理內部牽制原則**

公司在財務部下設立財務監察小組，由財務總監配置專職會計人員，負責對行銷往來的核算和監控，對每一筆應收賬款都進行分析和核算，保證應收賬款賬賬相符，同時規範各經營環節要求和操作程序，使經營活動系統化規範化。

⑵**改進內部核算辦法**

針對不同的銷售業務，如公司與購貨經銷商直接的銷售業務，辦事處及銷售網站的銷售業務，公司供應部門和貿易公司與欠公司貨款往來單位發生的兌銷業務，產品退貨等，分別採用不同的核算方法與程序以示區別，並採取相應的管理對策。

⑶**對應收賬款實行負責制和第一責任人制**

誰經手的業務發生壞賬，無論責任人是否調離該公司，都要追究有關責任。同時對相關人員的責任進行了明確界定，並作爲業績總結考評依據。

⑷**定期或不定期對行銷網點進行巡視監察和內部審計**

防範因管理不嚴而出現的挪用、貪污及資金體外循環等問題降低風險。

⑸**建立健全公司機構內部監控制度**

四、應收賬款風險分析

1. 產生帳款風險的原因

(1)企業缺乏競爭意識

在現代社會激烈的競爭機制下，企業爲了擴大市場佔有率，不但要在成本、價格上下功夫，而且必須大量地運用商業信用促銷。

但是，某些企業的風險防範意識不強，爲了擴銷，在事先未對付款人資信情況作深入調查的情況下，盲目地採用賒銷策略去爭奪市場，只重視賬面的高利潤，忽視了大量被客戶拖欠佔用的流動資金能否及時收回的問題。

(2)企業內部控制不嚴

銷售人員爲了個人利益，只關心銷售任務的完成，採取賒銷、回扣等手段強銷商品，使應收賬款大幅度上升，而對這部份應收賬款，企業未要求相關部門和經銷人員全權負責追款，導致應收賬款大量沉積下來，給企業經營背上了沉重的包袱。

(3)企業應收賬款管理失當

企業信用政策制訂不合理，日常控制不規範，追討欠款工作不得力等因素都有可能導致自身蒙受風險和損失。

企業爲防範債務人無限期地拖欠貨款，可採用以下 3 種措施。

(1)將應收賬款改為應收票據

由於應收票據具有更強的追索權。且到期前可以背書轉讓或貼現，在一定程度上能夠降低壞賬損失的風險，所以當客戶到期不能償還貨款時企業可要求客戶開出承兌匯票以抵銷應收賬款。

⑵應收賬款抵押與讓售

企業可通過抵押或讓售業務將應收賬款變現。應收賬款抵押是企業以應收賬款爲擔保品，從各金融機構預先取得貨款，收到客戶支付欠款時再如數轉交給金融機構作爲部份借款的歸還。但一旦客戶拒絕付款，金融機構有權向企業追索，企業必須清償全部借款。

應收賬款讓售是企業將應收賬款出售給從事此項業務的代理機構以取得資金，售出的應收賬款無追索權。客戶還款時直接支付給代理機構，一旦發生壞賬企業不須承擔任何責任。這項業務可以使企業將全部風險轉移。這在西方比較盛行。

某些金融機構可以對資信好的企業逐步建立這樣的金融業務，有利市場分工和健康發展。

⑶進行信用保險

雖然信用保險僅限於非正常損失，保險公司通常把保險金融限制在一定的範圍內，要求被保企業承擔一部份壞賬損失，但是這種方式仍然可以把企業所不能預料的重大損失的風險轉移給保險公司，使應收賬款的損失率降至最低。

2.強化風險管理的2個手段

⑴制訂合理的信用政策

所渭信用政策，是指企業對應收賬款管理所採取的原則性規定，包括信用標準、信用條件和信用額度三方面。

①確定正確的信用標準

信用標準是企業決定授予客戶信用所要求的最低標準，也是企業對於可接受風險提供的一個基本判別標準。信用標準較嚴，可使企業遭受壞賬損失的可能減小，但會不利於擴大銷售。反之，如果信用標準較寬，雖然有利於刺激銷售增長，但有可能使壞賬損失增加，得不償失。可見，信用標準合理與否，對企業的收益與風險有很大影響。企業確定信用標準時，一般採用比較分析法，分別計算不同信用標準下的銷售利潤、機會成本、管理成本及壞賬成本，以利潤最大或信用成本最低作爲中選標準。

②採用正確的信用條件

信用條件是指導企業賒銷商品時給予客戶延期付款的若干條件，主要包括信用期限和現金折扣等。信用期限是企業爲客戶規定的最長付款期限。適當地延長信用期限可以擴大銷售量，但信用期限過長也會造成應收賬款佔用的機會成本增加，同時加大壞賬損失的風險。爲了促使客戶早日付款，企業在規定信用期限的同時，往往附有現金折扣條件，即客戶如能在規定的折扣期限內付款，則能享受相應的折扣優惠。但提供折扣應以取得的收益大於現金折扣的成本爲標準。

③建立恰當的信用額度

信用額度是企業根據客戶的償付能力給予客戶的最大賒銷限額，但它實際上也是企業願意對某一客戶承擔的最大風險額，確定恰當的信用額度能有效地防止由於過度賒銷超過客戶的實際支付能力而使企業蒙受損失。在市場情況及客戶信用情況變化的狀況下，企業應對其進行必要調整使其始終保持在自身所能承受的風險範圍之內。

⑵加強內部控制

①認真作好賒銷對象的資信調查

企業應廣泛收集有關客戶信用狀況的資料，並據此採用定性分析及定時分析的方法評估客戶的信用品質。客戶資料可通過直接查閱客戶財務報表或通過銀行提供的客戶信用資料取得，也可通過與該客戶的其他往來單位交換有關信用資料取得。在實際中，通常採用「5C」評估法、信用評估法等方法對已獲資料進行分析，取得分析結果後應注意或減少與信用差的客戶發生賒賬行爲並對往來多、金額大或風險大的客戶加強監督。

②制訂合理的賒銷方針

企業可借鑑西方對商業信用的理解，制訂適合自己的可防範風險的賒銷方針。

a.有擔保的賒銷。企業可在合約中規定，客戶要在賒欠期中提供擔保，如果賒欠過期則承擔相應的法律責任。

b.條件銷售。賒欠期較長的應收賬款發生壞賬的風險一般比賒欠期較短的壞賬風險要大，因此企業可與客戶簽訂附帶條件的銷售合約，在賒欠期間貨物所有權仍屬銷售方所有，客戶只有在貨款全部結清後才能取得所有權。若不能償還欠款，企業則有權收回商品，彌補部份損失。

③建立賒銷審批制度

在企業內部應分別規定業務部、業務科長等各級人員可批准的賒銷限額，限額以上須報經上級或經理審批。這種分級管理制度使賒銷業務必須經過相關人員的授權批准，有利於將其控制在合理的限度內。

④**強化應收賬款的單個客戶管理和總額管理**

企業對與自己有經常性業務往來的客戶應進行單獨管理，通過付款記錄、賬齡分析表及平均收款期判斷個別賬戶是否存在賬款拖欠問題。如果賒銷業務繁忙，不可能對所有客戶都單獨管理，則可側重於總額控制。信用管理人員應定期計算應收賬款週轉率、平均收款期、收款佔銷售額的比例以及壞賬損失率，編制賬齡分析表，按賬齡分類估計潛在的風險損失，以便正確估量應收賬款價值，並相應地調整信用政策。

⑤**建立銷售回款一條龍責任制**

為防止銷售人員為了片面追求完成銷售任務而強銷盲銷，企業應在內部明確追討應收賬款也是銷售人員的責任。同時，制訂嚴格的資金回款考核制度，以實際收到貨款數作為銷售部門的考核指標，每個銷售人員必須對每一項銷售業務從簽訂合約到回收資金全過程負責。這樣就可使銷售人員明確風險意識，加強貨款的回收。

五、如何分析應收賬款

1. 應收賬款佔主營業務收入的比重

這種方法可以衡量企業的銷售品質，還可以進一步評價出企業的盈利品質。如某企業應收賬款佔主營業務收入為 30%，即說明該企業每銷售 1 元的產品，就有 0.30 元是賒銷得來的；如果該比重達到 50%左右，那麼說明該公司約有一半的賬面利潤是靠賒銷而來的，這就從會計的角度說明企業的產品是處於產品生命週期中的那一個階段，這也可以說明該企業的盈利品質是比較差的。

2.將應收賬款的增幅與主營業務收入增幅作比較

應收賬款的增幅直接體現了企業賒銷行為的增量情況。由於當前企業市場競爭十分激烈、跨國公司的競爭國內化，行業平均利潤率不斷下降，故企業為了增大賬面利潤，不惜採取大幅賒銷的方式，應收賬款餘額伴隨著主營業務收入的增長而增長也就成了預料中的事。但如果應收賬款的增長幅度過大，並高於主營業務收入的增長速度，這不僅會使企業的賬款回收難度加大，而且會使企業缺乏可持續發展的現金流。具體評價時只要將應收賬款的增幅與主營業務收入增幅作比較就可以直觀地得出結論。

3.應收賬款的賬齡越老化，發生壞賬的可能性越大

按照國際上通行的做法，一年以上的應收賬款就應視為壞賬，應當折算為現值來計量，故一年以上的應收賬款理應視為不良資產予以沖銷。如果國內企業也按這一標準嚴格執行，那麼將會有一部份應收賬款轉作當期費用，企業的利潤總額也將會進一步縮減。

衡量企業是否虧損的標準不能單純地考察其賬面利潤，如果企業維持表面上的賬面利潤，但卻隱藏著大量的賬齡超過一年的應收賬款，則這家企業依然有可能是虧損企業。

4.關注應收賬款中關聯交易的發生額

對於關聯交易披露，會計制度除了對上市公司有要求外，一般企業則沒有此項義務，相比較而言，制度鬆懈得多，透明度不高。銀行業之所以要注意企業關聯方交易主要是因為：

(1)在關聯方交易中可能包含了不公允的價格和條件，影響到商業銀行向企業融資時獲取真實的企業財務狀況。

(2)企業管理部門也可能蓄意安排關聯交易「粉飾」財務報表。

某些關聯交易是很明顯的。比如，母子公司之間、子公司之間或公司和其主管單位之間的交易等。有些企業在應收賬款的核算上採用備抵法提取壞賬，並且把應收賬款的賬齡大部份都控制在一年以內。似乎沒有什麼可質疑的。但其應收賬款中卻包含了大量的關聯交易。如果發現這些關聯交易中所涉及的商品(產品)銷售價格與市場的實際價格誤差太大，則可以認定這是一種通過關聯方交易來操縱利潤的行爲。例如，從關聯交易方低價購入原材料；或者高價銷售商品(產品)給關聯交易方；或者兩種方式兼而有之，那麼這家企業則明顯虛增了利潤。這種現象在操縱淨資產收益率的企業中比較普遍，就會在這些企業的關聯交易額佔銷售收入或銷售成本的比例上體現出差異，並且應收賬款中關聯方的應收賬款比重較大。

5. **應收賬款週轉率**

這是一個衡量應收賬款狀況的最常用指標，判斷企業應收賬款的方法儘管很多，但總離不開這種方法。它是用來反映企業在某一會計期間收回賒銷款項能力的指標，是某一會計期間的賒銷淨額與應收賬款全年平均餘額的比率關係。應收賬款週轉率用來說明年度內應收賬款轉爲現金的平均次數，體現應收賬款的催款進度和週轉速度。一般認爲，應收賬款週轉率越高，表明企業收款速度越快、壞賬損失越小、償債能力尤其是短期償債能力就越強。國內有些學者甚至認爲，應收賬款週轉率的高低也反映出企業管理層的經營能力和管理效率。

六、防範壞賬的措施

1.應收賬款追蹤分析

應收賬款一旦為客戶所欠，賒銷企業就必須考慮如何按期足額收回的問題。要達到這一目的，賒銷企業就有必要在收賬之前，對該項應收賬款的運行過程進行追蹤分析。當然，賒銷企業不可能也沒有必要對全部的應收賬款都實施追蹤分析。

在通常情況下，賒銷企業主要應以那些金額大或信用品質較差的客戶的欠款作為考察的重點。如果有必要並且可能的話，賒銷企業亦可對客戶(賒購者)的信用品質與償債能力進行延伸性調查和分析。

2.應收賬款賬齡分析

應收賬款賬齡分析，即應收賬款賬齡結構分析。所謂應收賬款的賬齡結構，是指各賬齡應收賬款的餘額佔應收賬款總計餘額的比重。

企業已發生的應收賬款時間長短不一，有的尚未超過信用期，有的則已逾期拖欠。一般來講，逾期拖欠時間越長，賬款催收的難度越大，成為壞賬的可能性也就越高。因此，進行賬齡分析，密切注意應收賬款的回收情況，是提高應收賬款收現效率的重要環節。

因此，對不同拖欠時間的賬款及不同信用品質的客戶，企業應採取不同的收賬方法，制定出可行的不同收賬政策、收賬方案；對可能發生的壞賬損失，須提前作出準備，充分估計這一因素對企業損益的影響。對尚未過期的應收賬款，也不能放鬆管理、監督，以防發生新的拖欠。

3.應收賬款收現保證率分析

應收賬款收現保證率是爲適應企業現金收支匹配關係的需要，所確定出的有效收現的賬款應佔全部應收賬款的百分比，是二者應當保持的最低比例。公式爲：

應收賬款收現保證率＝(當期必要現金支付總額－當期其他穩定可靠的現金流入總額)÷當期應收賬款總計金額

此公式中的其他穩定可靠的現金流入總額是指從應收賬款收現以外的途徑可以取得的各種穩定可靠的現金流入數額，包括短期有價證券變現淨額、可隨時取得的銀行貸款額等。

應收賬款收現保證率指標反映了企業既定會計期間預期現金支付數量扣除各種可靠、穩定性來源後的差額，必須通過應收款項有效收現予以彌補的最低保證程度，其意義在於：應收款項未來是否可能發生壞賬損失對企業並非最爲重要，更爲關鍵的是實際收現的賬項能否滿足同期必需的現金支付要求，特別是滿足具有剛性約束的納稅債務及償付不得展期或調換的到期債務的需要。

4.應收賬款壞賬準備制度

無論企業採取怎樣嚴格的信用政策，只要存在著商業信用行爲，壞賬損失的發生總是不可避免的。一般說來，確定壞賬損失的標準主要有兩條：

⑴因債務人破產或死亡，以其破產財產或遺產清償後，仍不能收回的應收款項。

⑵債務人逾期未履行償債義務，且有明顯特徵表明無法收回。

企業的應收賬款只要符合上述任何一個條件，均可作為壞賬損失處理。

既然應收賬款的壞賬損失無法避免，那麼，遵循謹慎性原則，對壞賬損失的可能性預先進行估計，並建立彌補壞賬損失的準備制度，即提取壞賬準備就顯得極為必要。

對於壞賬準備的計提比例問題，有關制度並沒有明確的限制，而只是規定由企業根據：「以往的經驗、債務單位的實際財務狀況和現金流量等相關信息予以合理估計」確定計提比例。並且「(企業)當年發生的應收賬款；計劃對應收賬款進行重組；與關聯方發生的應收款項；其他已逾期，但無確鑿證據表明不能收回的應收款項」不能全額計提壞賬準備。而企業所得稅僅是規定：「壞賬準備金提取比例一律不得超過年末應收賬款餘額的 5‰。」，對應收賬款究竟是以前年度發生的，還是今年發生的，並沒有明確的條件限制，也就是說即使是今年才發生的應收賬款也可以按比例扣除壞賬準備。由此可見，稅務的規定比財務的規定要寬泛。並且稅收上對計提的方法也很單一，即採用應收款項餘額百分比法計算扣除。由於稅收與財務在計算壞賬準備的口徑不一，必然會產生稅前會計利潤與應納稅所得額之間的差異。對企業不論是採用應收款項餘額百分比法或是銷貨百分比法或是賬齡分析法，其當期累計計提的壞賬準備金高於企業所得稅規定的年末應收款項的 5‰比例的，在進行企業所得稅申報時應當自行進行納稅調整。

第 7 章

存貨過多會壓死人

一、存貨管理的目標

衡量存貨的多少，是多一點好，還少一點好？存貨管理的成本如何計算？企業應該如何走出存貨管理的偏失？

存貨，是指企業在日常活動中持有以備出售的產成品或商品，處在生產過程中的在產品，在生產過程或提供勞務過程中耗用的材料和物料等。

如果企業能在生產投料時隨時購入所需的原材料，或者企業能在銷售時隨時購入該項商品，就不需要存貨。但實際上，企業總有儲存存貨的需要，並因此佔用或多或少的資金。這種存貨的需要出自以下 2 個原因。

(一)保證生產或銷售的經營需要

實際上，企業很少能做到隨時購入生產或銷售所需的各種物資，即使是市場供應量充足的物資也如此。這不僅因爲不時會出現某種材料的市場斷檔，還因爲企業距供貨點較遠而需要必要的途中運輸及可能出現運輸障礙。一旦生產或銷售所需物資短缺，生產經營將被迫停頓，造成損失。爲了避免或減少出現停工待料、停業待貨等事故，企業需要儲存存貨。

在企業生產中，庫存是由於無法預測未來需求變化，而又要保持不間斷的生產經營活動必須配置的資源。但是，過量的庫存會誘發企業管理中諸多問題，例如資金週轉慢、產品積壓等。因此很多企業往往認為，如果在採購、生產、物流、銷售等經營活動中能夠實現零庫存，企業管理中的大部份問題就會隨之解決。零庫存便成了生產企業管理中一個不懈追求的目標。

如此看來庫存顯然成了一個包袱。目前條件下，任何一個單獨的企業要向市場供貨都不可能實現零庫存。通常所謂的「零庫存」只是節點企業的零庫存，而從整個供應鏈的角度來說，產品從供應商到製造商最終達到銷售商，庫存並沒有消失，只是由一方轉移到另一方。成本和風險也沒有消失，而是隨庫存在企業間的轉移而轉移。

戴爾電腦的「零庫存」也是基於供應商的「零距離」之上的。假設戴爾的零件來源於全球四個市場，美國市場 20%，中國市場 30%，日本市場 30%和歐盟市場 20%，然後在香港基地進行組裝後銷售全球。那麼，從美國市場的供應商 A 到達香港基地，空運至少 10 小時，海運至少 25 天；從中國市場供應商 B 到達香港基地公路運輸至少 2 天；從日本市場供應商 C 到達香港基地。空運至少 4 小時，海運至少 2 天；從歐盟市場供應商 D 到達香港，空運至少 7 小時，海運至少 10 天。若要保持戴爾在香港組裝基地電子器件的零庫存，則供應商在香港基地必須建立倉庫，或自建或租賃，來保持一定的元器件庫存量。供應商則承擔了戴爾製造公司庫存的風險，而且還要求戴爾製造公司與供應商之間要有及時的、頻繁的信息溝通與業務協調行為。

由此，戴爾製造公司與供應商之間可能存在著兩種庫存管理模式：

⑴戴爾製造公司在香港的基地有自己的存儲庫存。該模式要求香港基地的庫存管理由戴爾製造公司自行負責。一旦缺貨，即通知供應商 4 小時內送貨入庫。供應商要能及時供貨必須也要建立倉庫，從而導致供應商和企業雙重設庫降低了整個供應鏈的資源利用率，也增加了製造商的成本。

⑵戴爾製造公司在香港的製造基地不設倉庫，由供應商直接根據生產製造過程中物品消耗的進度來管理庫存。比如採用準時制物流，精細物流組織模式。

該模式中的配送中心可以是四方供應商合建的，也可以和香港基地的第三方物流商合作。此時，供應商完全瞭解電腦組裝廠的生產進度、日產量，不知不覺地參與到戴爾製造廠的生產經營活動之中，但也承擔著零件庫存的風險。尤其在 PC 行業，原材料價格每星期下降 1%。而且，供應商至少要保持二級庫存，即原材料採購庫存和面向製造商所在地香港進行配送業務而必須保持的庫存。面對「降低庫存」這一令人頭痛的問題，供應商實際上處在被動「挨宰」的地位。

在這種情況下，對供應商而言，所謂的戰略合作夥伴關係以及與戴爾的雙贏都是很難實現的。在供應商——製造商——銷售商這根鏈條中，如果只有製造商實現了最大利益，而其他兩方都受損，這樣的鏈條必定解體。因為各供應商為了自身的生存，必然擴展自己新的供貨合作夥伴，如對宏基電腦、聯想電腦製造商供貨，擴大在香港配送基地的市場業務覆蓋範圍。供應商這種業務擴展策略就會降低戴爾電腦產品的市場競爭力。很顯然，當幾家電腦製造商都用相同的電腦元件組裝時，各企業很難形成自身的產品優勢，而且還有洩漏製造企業商業秘密的危險。這種缺乏共興共榮機制的供應鏈關係，也必然給製造商埋下隱患。

(二)出自價格的考慮

零購物資的價格往往較高，而整批購買在價格上常有優惠。但是，過多的存貨要佔用較多的資金，並且會增加包括倉儲費、保險費、維護費、管理人員薪資在內的各項開支。存貨佔用資金是有成本的，佔用過多會使利息支出增加並導致利潤的損失；各項開支的增加更直接使成本上升。進行存貨管理，就要盡力在各種存貨成本與存貨效益之間作出權衡，達到兩者的最佳結合。這也就是存貨管理的目標。

飛機要在天上才能賺錢

自「9·11」事件以來，美國航空業就被破產、裁員等壞消息所籠罩。美國合眾國航空公司也申請破產保護，其餘幾家大型航空公司也因巨額虧損走到了懸崖邊緣。然而美國西南航空公司卻創下了連續 29 年贏利的業界奇蹟。

美國媒體曾廣泛宣傳和讚揚過關國西南航空公司這樣的航班紀錄：8 時 12 分。飛機搭上登機橋，2 分鐘後第一位旅客開始下機，同時第一件行李卸下前艙；8 時 15 分，第一件始發行李從後艙裝機；8 時 18 分，行李裝卸完畢，旅客開始分組登機；8 時 29 分，飛機離開登機橋開始滑行；8 時 33 分，飛機升空。兩班飛機的起降，用時僅為 21 分鐘。但鮮為人知的是，這個紀錄實際上卻遭到了西南航空總部的批評。因為飛機停場時間比計劃長了將近 2 分鐘。

西南航空專門算過：如果每個航班節省在地面時間 5 分鐘，每架飛機就能每天增加一個飛行小時。正如西南航空的創始人赫伯特·凱勒爾的名言：「飛機要在天上才能賺錢。」三十多年來，西南航空用各種方法使他們的飛機盡可能長時間地在天上飛。

與「國內線、短航程」的基本策略相配合，西南航空公司全部採用波音 737 飛機。由於機型單一，所有飛行員隨時可以駕駛本公司的任何一架飛機，每一位空乘人員都熟悉任何一架飛機上的設備，因此，機組的出勤率、互換率以及機組配備率都始終處於最佳狀態。另外，全公司只需要一個維修廠、一個航材庫，一種維修人員培訓和單一機型空勤培訓學校，從而始終處於其他任何大型航空公司不可比擬的高效率、低成本經營狀態。

高速轉場是提高飛機使用效率的另一重要因素。人們經常可以看到西南航空的飛行員滿頭大汗地幫助裝卸行李；管理人員在第一線參加營運的每一個環節。另外，西南航空把飛機當公共汽車，不設頭等艙和公務艙，從不實行「對號入座」，而是鼓勵乘客先到先坐。這就使得西南航空的登機等候時間確實要比其他各大航空公司短半個小時左右，而等候領取托運行李的時間也要快 10 分鐘。這樣，西南航空的飛機日利用率 30 年來一直名列全美航空公司之首，每架飛機一天平均有 12 小時在天上飛。

正是西南航空的高效才使得其成本遠遠領先對手，才使得這家公司「基業常青」。才使得這家公司敢於向整個運輸行業挑戰——「我們不但能與任何航空公司競爭，而且我們還敢向地面上跑的長途大巴士叫陣。」

二、存貨管理的偏失

(一)誤認庫存管理就是倉庫管理

庫存管理水準的高低影響到資金週轉的快慢，因此直接決定了一個企業的命脈。

然而，很不幸的是，直到目前爲止，一提起「庫存管理」，很多人就想當然地認爲這是一個「倉庫管理」的問題，如先進先出，庫位擺放，賬卡物一致等等。應該承認，這些都是庫存管理中必不可缺的一些重要環節。然而，真正的庫存管理實際是應該體現在庫存的計劃與風險管理之中，而不是通常所說的「倉庫管理」。

庫存的計劃主要體現在如下幾個方面：

⑴庫存資金的計劃

從財務對現金流的管理角度講，企業需要根據銷售預測以及現有的積壓庫存情況來預測每個財務週期需要多少週轉資金來採購原材料以支撐銷售。這個對採購資金的預測與計算過程就是一個庫存資金的計劃過程。

⑵**庫存管理的風險計劃**

如何設置合理的庫存？怎麼知道現有的庫存是合理的？即使所謂的合理，如達到了財務庫存週轉的目的，庫存就沒有風險了嗎？庫存風險的比例有多大？這些都是庫存管理的風險計劃問題。

⑶**庫存的結構計劃**

不同的物料由於其本身的屬性，如採購提前期，單台(片)用量，價格，損耗等不一樣；另外由於不同的物料用於不同的產品，還可能公用於幾種產品等，這決定了不同物料的庫存策略應該是不一樣的，這都屬於庫存的結構計劃問題。

(二)只單純運用期末庫存平均值計算庫存週轉率

什麼叫庫存週轉率呢？傳統的財務定義是很清楚的：庫存週轉率等於銷售的物料成本除以平均庫存。這裏的平均庫存通常是指各個財務週期期末各個點的庫存的平均值。有些公司取每個財務季底的庫存平均值，有的是取每個月底的庫存平均值。很簡單的演算法，如某製造公司在 2003 年一季的銷售物料成本爲 200 萬元，其季初的庫存價值爲 30 萬元，該季底的庫存價值爲 50 萬元，那麼其庫存週轉率爲 200/(30＋50)/2＝5 次。相當於該企業用平均 40 萬元的現金在一個季裏面週轉了 5 次，賺了 5 次利潤。照此計算，如果每季平均銷售物料成本不變，每季底的庫存平均值也不變，那麼該企業的年庫存週轉率就變爲 200×4/40＝20 次。就相當於該企業一年用 40 萬元的現金轉了 20 次利潤，多好的生意！

而實際上，稍有常識的人都會知道，幾乎每家企業，每天的庫存都是變化不定的，單純運用期末庫存平均值的演算法顯然是不對的，至少是不公平的。

(三)一味拼命控制「庫存」

庫存控制不力會給企業帶來高額成本，製造業的企業平均庫存成本佔庫存產品總價值的 30%～35%，這個比例是相當高的。於是乎，爲完成公司的庫存週轉率的目標，每到月底/季底，幾乎所有的與庫存控制有關的人，包括各大財務部門，都在拼命地「控制」庫存，即使那些人們熟知的國際大公司也不例外。期末低的那個點對他們簡直太重要了，於是，各種怪招頻出，什麼樣的都有，大體不外乎如下幾種：

⑴讓貨運代理遭點兒罪，能壓的貨物一律壓在貨運代理的倉庫裏，甚至是壓在路上，飛機、輪船、汽車、火車上到處都是貨物，只要是不進我的倉庫就行。因爲一般公司的做法是在計算庫存週轉率時，以實際收到的並且入了賬(系統)的庫存爲準。至於說那些以 CIF 到目的地爲交貨條款的供應商，對不起了，先等幾天吧！你是我的供應商，你能不聽我的？至於那些以 FOB/FCA 出廠地交貨的供應商的付款，沒關係，那是下個月的事情了。

⑵物到了倉庫不入系統，只要不入系統，財務睜一隻眼閉一隻眼，也就過去了——大家這個時候是一條繩上的螞蚱，庫存價值太高，大家都不好看。

⑶期末底大出貨，跟客戶/分銷商打好招呼，幫個忙，先把能發的貨發走再說。

其實，真正的庫存控制更應該是在平常。

三、存貨管理的方法

(一)存貨週轉率

存貨週轉率法是存貨管理中的一個有用方法。存貨週轉率指在某一個固定期間，已出售產品的成本除以存貨持有量。它表示在這一期間企業的存貨週轉了幾次。其計算公式如下：

存貨週轉率＝銷貨成本/存貨平均餘額

存貨週轉率越高，說明企業存貨的變現能力越強，資產管理水準越高。

存貨的週轉速度還可用存貨週轉天數這個指標來反映。這個指標反映的是企業存貨每完成一次週轉所需要的天數。存貨週轉天數計算公式如下：

存貨週轉天數＝360/存貨週轉率

＝存貨平均餘額/銷貨成本×360

存貨週轉天數越少，說明存貨變現能力越強，流動資金的利用效率也就越高。

應該注意的是，在上述計算中，存貨平均餘額是根據年初存貨數和年末存貨數平均計算出來的。由於存貨受各種因素的影響，全年各月份的餘額必然有波動。這樣，按每月月末的存貨餘額來計算全年存貨的平均餘額顯然較上述方法得出的結果要準確一些。

正因如此，銷售業特別重視存貨週轉率。走在大街上，人們經常會看到冬季還沒真正過去，而冬季服裝大拍賣的招牌就已經鋪天蓋地，在報紙上也常會看到這類廣告。像這樣的大拍賣銷售法，看起來似乎是損失，其實不然。如果等到明年的同一季節，雖然銷售能得二成，或二成半的利益，但是在明年同一季之前，資金就被凍結了，這是要考慮的一點。如果冬季末大拍賣時以成本銷售，仍可用獲得的資金購買春季服裝來銷售，再利用這些銷售所得的資金，買夏季服裝來銷售。假設春服、夏服各賺兩成，也就是以同樣的資金賺了四成。但假如將資金閒置一年，就會使資金週轉困難，同時，也將失去賺錢的機會。

通過存貨週轉率指標，可以檢查庫存量是否恰當。如果資金週轉次數多，利用的比例高，則表示資金週轉好，銷售順利。但若比例過高就要加以注意了，因爲，這表示庫存量少，在銷售時會發生問題。企業對存貨週轉率的考察，最好結合 ABC 分析法，對不同類別的存貨分別計算週轉率，消除零週轉存貨，根據各類不同存貨的不同要求，制定更有利於財務節約、更有利於管理的週轉率。

(二)存貨的 ABC 管理法

ABC 分析法是存貨管理中一個很有用的方法。這種方法是基於這樣一個原理：只佔存貨種類一小部份(比如 20%)的存貨，通常代表全部存貨價值的很大比重(比如 80%)。所以，這種方法也被稱爲 80：20 法則。ABC 分析法就是根據存貨的重要程度，把存貨分成 A、B、C 三類，分別不同情況加以控制的一種方法。這種方法的道理很簡單，就是爲了做出商業判斷，與其對所有種類的存貨付出同等精力進行分析，不如首先考察具有較少數量的第一類存貨，這一類存貨在全部存貨中的價值比重最大；其次再考察第二類存貨；最後才考察第三類存貨。對於一個大企業而言，常有成千上萬種存貨項目，在這些項目中，有的價格昂貴，有的不值幾文，有的數量龐大，有的寥寥無幾。如果不分主次，面面俱到，對每種存貨都進行週密規劃、嚴格控制，就抓不住重點，不能有效地控制主要存貨所佔用的資金。ABC 控制法正是針對這種情況而提出來的重點管理方法。

對 ABC 分析法，小企業的財務人員可能比較陌生，不知從何做起。最簡單的辦法就是要懂得 80：20 法則，找出代表 80%成本那部份的 20%的存貨，記住這些存貨的特性。因爲這些存貨代表公司存貨的最大部份，理應先受到重視。掌握了這些信息，財務主管就可以和採購、工程、生產部門的負責人一起，確定更有效地採購和庫存這些原材料的方法。這是執行 ABC 分析法的一條捷徑，是能使企業很快取得明顯效益的第一步。

第二步，把正在製造的每個產品中所有零件分解開，然後不管零件是自製的，還是外購的，根據其成本進行分類，分成三大組：A 類、B 類和 C 類。最貴的零件列入 A 類，中等價格的列入 B 類，因此，進入 C 類的是所有剩下來的價格較低的零件。每一類應列出每個部件的成本。在決定一個部件是不是 A 類、B 類或 C 類部件時，

應採用單價而不是總值。例如，如果一個企業要使用 200 萬隻螺絲釘，每只價值 0.03 元，儘管企業爲此支出的總數達到 6 萬元，但每只螺絲釘也只能依其單價列入 C 類產品。這種方法我們可以通過表 7-1 來加以說明。

總的部件存貨數量爲 1214 件，其中價值超過 25 元的，只有 119 個，這些部件是 A 類部件；B 類部件 255 個，價值在 1

～25 元之間；C 類部件 840 個，但價值都在 1 元以下，大量的零件價格較低。C 類存貨雖然價值低，但其佔總數近 70%，A 類存貨雖只佔總數近 10%，但價值最大。

應該指出的是，任何一個企業對存貨的 A、B、C 類分解都是與其他企業有差別的。上例中，單價 25 元以上的部件列為 A 類。在另一個企業。可能 5 元以上單價的部件就應該被列入 A 類了，這取決於企業產品及部件的構成情況。還有一些企業，B 類部件全部取消，只區分 A 類和 C 類。另有一些企業對價格昂貴的部件用特殊的「A＋」類和「AA」類。A 類部件由於價值量大，容易佔壓資金，所以必須加速週轉，不能放在倉庫裏閒置。而 C 類部件由於量大而價值小，並不會擱死大量資金，可以一年採購一兩次即可。

在 ABC 分析法的運用中，對 A 類和 AA 類部件來說，庫存量必須保持在最少程度。對這些部件必須進行嚴密的管理，每天需作詳細記錄。對其採購可採取一攬子合約方式，由供應商不斷地按計劃向公司發貨。如果一年 12 次按月需要量到貨，在理論上，存貨週轉率是一年 24 次。

對 B 類存貨，應結合 A 類和 C 類的管理特性。對 B 類部件的需求應納入年度預測中，並且每季根據庫存的使用量核對年度預測。庫存量必須保持在平均水準，管理記錄必須反映進出的整個過程以及庫存餘額，一般跟蹤即可。對於 B 類部件，應要求供應商按月或按季發貨，如果可能的話，則應要求按季發貨。採購部門必須盡力按經濟批量購買，並應週期性檢查訂購次數。

表 7-1 A、B、C類產品價格

類別	單價(元)	數量(件)	數量比例(%)	金額(元)	金額比例(%)
A	25～50	87		3262.50	
	50～100	27		2025	
	100～250	3		525	
	300	2		600	
小計	25～300	119	9.80%	6412.50	80.48%
B	1.50～2.00	90		157.50	
	2.00～5.00	75		262.50	
	5.00～10.00	65		487.50	
	10.00～25.00	25		437.50	
小計	1～25	255	21%	1345	16.88%
C	0.01～0.05	230		6.90	
	0.05～0.10	310		23.25	
	0.25～0.50	120		45	
	0.50～1.00	180		135	
小計	0.01～1.00	840	69.20%	210.15	2.64%
總計		1214	100%	7967.65	100%

對於C類部件，除非供應充足，否則，一旦供應緊張會造成企業所需部件最多數量、最多品種的短缺和最嚴重的時間浪費。爲避免這些問題的發生，應採取大量購買的方式。C 類部件多存一些並無壞處，佔壓資金量也較少。而且，採購部門大

量訂貨，可以使自己在與供應商打交道時處於有利地位，可以通過談判取得最低價格，如果一年訂購一次 C 類部件，年週轉率為兩次，則佔投資比例很少。

心得欄

第 8 章

成功企業懂得預算規劃

預算與實際總是不一致，爲什麼預算與現實會有很大的差距？怎樣才能讓預算爲企業的盈利服務呢？

一、企業預算管理的通病

(一)為什麼預算與現實總是差異很大

預算是一種非常重要的技術，也是企業管理水準的一個重要體現。預算的管理程度，實際上體現了整個企業管理的控制程度。雖然很多企業都在做預算管理，年初定了一大串，但到了年底沒有完成，便隨便找一些理由來敷衍，這樣的預算管理就沒有落到實處。

那麼，爲什麼企業所做的預算總是與現實差異很大呢？主要是因爲以下幾點：

(1)目標定得過高，完不成也無所謂；

(2)目標定了以後，每個月不控制它，最後導致了失控；

⑶預算執行不好，也沒有相應的奬懲。

以上這些都是預算管理存在的問題。有一次，一位學員說：「我們有一副對聯就是形容這樣的情況。」他說：「上聯是：上對下，層層加碼，馬到成功；下聯是：下對上，層層兌水，水到渠成；橫批：心照不宣。」如果預算管理變味成這樣，實際上就變成了一種文章。年年做文章，年年完不成，也就變成了一種形式。所以說，這裏有一個很重要的問題，就是你到底如何看待預算管理。

(二)如何看待預算管理

企業要切實把預算管理變成一個管理的控制工具。預算管理要做好，就要和企業的市場分析、內控管理、企業運轉和績效考評等都聯繫在一起。

1.預算管理可以確保企業預定的利潤額

一個企業如果預算做得好的話，實際上到了年底，利潤和預算的誤差不會很大。也許你會說，這個好像有一點懸吧？但事實上是可以做得到的。因爲我們有很多的預算管理方式，比如說半年度的預算管理調整等。

2.預算管理是一種過時的行為嗎

實際上，我們的管理基礎還很薄弱。也許你會很痛苦地感覺到，好像一年忙得很辛苦，但年底拿出來的數字都變成了一個最後的報告。問題出在那裏？你沒有對預算進行事先的規劃和事中的控制，當然就沒有結果。所以，預算管理一定要事先進行充分的計劃，事中更要嚴密地控制，這樣才能保證結果。沒有過程的保證，預算便沒有結果，所以經理人的日常工作就是要把計劃落實好，對預算進行控制。

3. 預算管理能夠約束管理者的隨意性行為

眾所週知，我們應該關注利潤表的最後一行，即淨利潤，但是也不能忽略一些因素：第一，如何把銷售成本抓起來；第二，諸多費用怎麼來控制。前不久，一位學員剛剛當老闆，他說：「有一次我鬧出了這樣一個笑話。員工每一次把報銷單拿來，我一看應該用，就把字一簽。到了月底，財務把數字一加，給我一看：『我們花了那麼多錢嗎？是不是都是我批的？』結果一查，都是我自己批的。但是回過頭來看看，這些發票好像都應該批。最後，弄得這個月的效益不怎麼好。」經理人都有這樣一個苦惱，簽發票的時候好像都應該簽，但是最後將發票加起來，才發現是一個很大的數字。所以，我們要用預算管理對這個數字有一個事先的控制力，把這種「應該」的隨意性控制在一個理性的範疇之內。

企業規模小時，也許你眼睛一掃就能把企業的財務等問題看得很清楚，但是企業規模越大，管理者的任何一個隨意性的行爲都可能是對企業的一個巨大傷害。

4. 預算管理可以規劃好整個企業的運作鏈條

企業規模越大，部門就越多，部門之間也就越需要協調。

比如，銷售部要推銷產品，但是研發部的新產品沒有跟上。於是，銷售人員就對研發人員說：「哎呀，你們沒有新產品給我們賣啊！到了年底如果銷售不好，就是因爲你們沒有給我新產品。」但是，管理者事先是否給研發部門制訂新產品的計劃呢？

也許，你經常對品質部門的人說：「我們的產品品質不好呀！」那麼，作爲管理者，你是否事先確定這個產品的品質應該定到那個層面的客戶上？合適的品質不是絕對的品質，這個品質的點定在什麼程度，管理者應該事先跟品質部門進行溝通。

同樣，你也許會對製造部門的人說：「我們製造部門一定要有效率，到什麼時候一定要出什麼產品。」但是，你事先是否與製造部門和銷售部門進行過溝通，有沒有將銷售計劃和生產計劃銜接起來？所以，我們經常看到，一些企業做了一大堆產品賣不出去，而要賣的東西又做不出來，這跟企業的隨意性有很大的關係。

同時，物流部門和供應商配合，也存在一個計劃的預算問題。

因此，管理者一定要通過預算把整個企業的運作鏈條規劃好。成本控制是將各個環節切開來進行細緻的管理，但是在預算管理中，我們要先把它們串起來，然後再分配每個環節需要做那些工作。如果管理者有很大的隨意性，只把各個環節切開，那麼各個部門就會緊緊抱住自己部門的利益和成本不放，以致影響到整個企業的全局。

預算管理實際上是要最後的結果。如果一個部門失控，將會導致其他部門的成本疊加。比方說，如果銷售的品種計劃安排不合理，就會導致備貨的混亂、製造線的閒置和存貨的損失。因此，不能簡單地說，是這個地方的問題，還是那個地方的問題，一個經理人要有很強的系統觀念，要用預算管理把這個鏈條串起來。

預算管理並非是簡單的指標控制，它還可以幫助經理人控制好整個企業的經營。

二、預算的類型

(一)財務預算

財務預算是指有關現金收支、經營成果、財務狀況的預算，包括現金預算、預計利潤表、預計資產負債表。

現金預算是財務預算的核心。現金預算的內容包括現金的收入，支出、盈赤(現金的多餘或不足)、籌措與利用等。現金預算的編制以各項業務預算、資本支出預算的數據爲基礎。

預計損益表是對企業經營成果的預測，根據業務預算編制而成。預計資產負債表是對企業財務狀況的預測，根據期初資產負債表、業務預算編制而成。

(二)業務預算

業務預算指的是與企業基本生產經營活動相關的預算，主要包括銷售預算、生產預算、材料預算、人工預算、費用預算(製造費用預算、期間費用預算)等。

銷售預算是整個預算編制工作的起點和主要依據。企業應根據當年的經營目標，通過市場預測，結合各種產品的歷史銷售量、銷售價格等數據，確定預測年度的銷售數量、單價和銷售收入。

在銷售預算的基礎上，編制生產預算，根據預測銷售量、預測期初和期末的存貨量，得出預測生產量，進而編制出材料預算、人工預算、製造費用預算。

製造費用預算的編制分變動製造費用和固定製造費用兩部

份，變動製造費用預算的編制以生產預算爲基礎，根據預計的各種產品產量以及單位產品所需工時和每小時的變動製造費用率計算編制。

產品成本預算根據生產預算、材料預算、人工預算、製造費用預算編制。銷售費用預算根據銷售預算編制而成。管理費用預算一般根據實際開支的歷史數據爲基礎編制。

(三)資本支出預算

資本支出預算是企業長期投資項目(如固定資產購建、擴建等)的預算。

固定資產費用預算是指對在下一個經營期內發生的實物資本項目費用所進行的預測和說明。

三、各種預算方法的特性

(一)固定預算

固定預算又稱靜態預算，是按固定業務量編制的預算，一般按預算期的可實現水準來編制，是一種較爲傳統的編制方法。例如生產預算、銷售預算，都是按預計的某一業務量水準來編制的，這就屬於固定預算。固定預算有以下兩個缺點：

⑴過於機械呆板

因爲編制預算的業務量基礎是事先假定的某個業務量。在此方法下，不論預算期內業務量水準可能發生那些變動。都只按事先確定的某一個業務量水準作爲編制預算的基礎。

⑵**可比性差**

這是該方法的致命缺點。當實際的業務量與編制預算所根據的業務量發生較大差異時，有關預算指標的實際數與預算數就會因業務量基礎不同而失去了可比性。因此，按照固定預算方法編制的預算不利於正確地控制、考核和評價企業預算的執行情況。

在一般情況下，對不隨業務量變化的固定成本與費用多採用固定預算法進行編制，而對變動成本，在編制預算時不宜用此方法。

(二)彈性預算

彈性預算是一種具有伸縮性的預算，指在不能準確預測預期業務量的情況下，根據成本形態及業務量、成本和利潤之間的依存關係，按預期內可能發生的業務量編制的一系列預算。主要有成本預算與利潤預算。

編制彈性預算所依據的業務量可以是產量、銷售量、直接人工工時、機器工時、材料消耗量和直接人工薪資等。與固定預算相比，彈性預算具有如下兩個顯著的優點：

⑴**預算範圍寬**

彈性預算能夠反映預算期內與一定相關範圍內的可預見的多種業務量水準相對應的不同預算額，從而擴大了預算的適用範圍，便於預算指標的調整。因爲彈性預算不再是只適應一個業務量水準的一個預算，而是能夠隨業務量水準的變動作機動調整的一組預算。

⑵**可比性強**

在預算期實際業務量與計劃業務量不一致的情況下，可以將實際指標與實際業務量相應的預算額進行對比，從而能夠使預算執行情況的評價與考核建立在更加客觀和可比的基礎上，便於更好地發揮預算的控制作用。

由於未來業務量的變動會影響到成本費用、利潤等各個方面，因此，彈性預算從理論上講適用於編制全面預算中所有與業務量有關的各種預算，在實際操作中，製造費用、推銷及行政管理費等間接費用應用彈性預算頻率較高，也可運用於利潤預算的編制。

(三)零基預算

零基預算又稱優先順序預算，是在編制成本費用預算時，不考慮以往會計期間所發生的費用項目或費用數額，以所有的預算支出均為零為出發點，規劃預算期內各項費用的內容及開支標準的一種方法。零基預算以零為起點來確定預算數，需要做大量的基礎工作。

零基預算要求預算經理系統地重新評價所有的項目和方案，其目的是建立起各個項目間的優先順序，然後設立一條「資金控制線」來排除不符合條件的項目。零基預算的優點是：

⑴**不受現有費用項目限制**

這種方法可以促使企業合理有效地進行資源分配，將有限的資金用於刀刃上。

⑵**能夠激發各方面降低費用的積極性**

這種方法可以充分發揮各級管理人員的積極性、主動性和創造性，促進各預算部門精打細算，量力而行，合理使用資金，提高資金的利用效果。

⑶**有助於企業未來發展**

由於這種方法以零爲出發點，對一切費用一視同仁，有利於企業面向未來發展考慮預算問題。

零基預算的缺點在於這種方法一切從零出發，在編制費用預算時需要完成大量的基礎工作，帶來浩繁的工作量，弄不好會顧此失彼，難以突出重點，而且也需要比較長的編制時間。該方法特別適用於產出較難辨認的服務性部門費用預算的編制。

（四）滾動預算

滾動預算又稱永續預算，是指在編制預算時，將預算期與會計年度脫離開，隨著預算的執行不斷延伸補充預算，逐期向後滾動，使預算期始終保持 12 個月的一種方法。

滾動預算按其預算編制和滾動的時間單位不同，可分爲逐月滾動、逐季滾動和混合滾動三種方式。

⑴**逐月滾動方式**

逐月滾動方式是指在預算編制過程中，以月份爲預算的編制和滾動單位，每個月調整一次預算的方法。

⑵**逐季滾動方式**

逐季滾動是指在預算編制過程中，以季爲預算的編制和滾動單位，每個季調整一次預算的方法。逐季滾動編制的預算比逐月滾動的工作量小，但預算精度較差。

⑶混合滾動方式

混合滾動方式是指在預算編制過程中，同時使用月份和季作爲預算的編制和滾動單位的方法。它是滾動預算的一種變通方式。滾動預算方法具有以下優點：

①透明高度

由於編制預算不再是預算年度開始之前幾個月的事情，而是實現了日常管理的緊密銜接，可以使管理人員始終能夠從動態的角度把握住企業近期的規劃目標和遠期的戰略佈局，使預算具有較高的透明度。

②及時性強

由於滾動預算能根據前期預算的執行情況，結合各種因素的變動影響，及時調整和修訂近期預算，從而使預算更加切合實際，能夠充分發揮預算的指導和控制作用。

③連續性、完整性和穩定性突出

由於滾動預算在時間上不再受日曆年度的限制，能夠連續不斷地規劃未來的經營活動，不會造成預算的人爲間斷，同時可以使企業管理人員瞭解未來 12 個月內企業的總體規劃與近期預算目標，能夠確保企業管理工作的完整性與穩定性。

採用滾動預算的方法編制預算的惟一缺點就是預算工作量較大。

四、預算編制的原則

爲了有效地完成預算工作，必須設計各種預算表格。在實際工作中，由於不同的企業、不同的部門有不同的業務需求，因此，除了使用一些常見的標準預算表格之外，一些企業也允許有關部門的財務經理自行設計預算表格。但是不論那種情況，財務經理都必須瞭解編制預算過程中或是修改預算表格中應該堅持什麼原則。

一般而言，預算表格應堅持以下幾個原則：

1. 主次分明，省略不必要的細節

內容簡單、直截了當的表達方式，便於使用者填寫及他人理解設計預算表格的標準。在預算表格中，應該將那些最主要的收入或費用項目作爲主標題，而預算表中的子標題則不需要每項都填寫，不必寫出那些具有獨立性的子標題，如租金、利息、水、熱、照明和動力費等。事先將子標題寫在預算表中，有可能造成預算格式的混亂，而且還有可能引起他人不必要的誤解。財務經理在設計表格時。只需在表格中預留足夠可以填寫子標題的空間即可，其填寫由使用者根據具體情況和需要自行確定。

2. 表格設計要美觀

好的預算表格除了應具有必要的內容外，還應該具有美觀性，經過仔細推敲和認真準備的預算表，總會給人以良好的印象。預算表中只填寫必要的內容，如預算的關鍵性數據及填表說明等，預算表中的主要內容項目與項目之間要留出足夠的間隔，這樣可以使得其中的各項數據能夠合理的進行分割，且易於辨認和方便閱讀。預算表中應避免使用不同的色彩、不同的或不常用的字體、突出性標識和陰影區等，因爲這些不必要的修飾會分散和干擾閱讀者的注意力。還應儘量避免在預算表中過多地使用解釋性說明。

3.保持預算形式與內容的一致性

預算表格的形式與內容要在企業各種預算中保持一致，便於工作人員在預算過程中對相關的預算問題進行討論，也有助於財務經理對預測數據進行比較分析及編制總預算時從子預算中提取並匯總數據。編制預算表格，應盡可能地選擇規模化的格式、標準的字體和各部門可以相容的分類方式來設計，建議採用 A3 或 A4 規格的紙型作爲正式預算表的格式，儘量不要用尺寸較小的紙張，那樣將會給人留下不重要或不正規的印象。

4.預算表格填寫的基本規範

表格設計完畢後，開始填寫預算的內容，如標題及各項預算數據。預算表格的整體可以分爲三大類：左邊欄、頂欄和中間欄。左邊欄用來填寫預算內容的標題，注意要在表中爲今後添置其他子標題留出空間。頂欄的內容相對比較簡單，一般只在此處填寫時間，先年後月。實際工作中，企業可以根據具體情況採用 12 個月作爲預算管理時間，也可以採用其他預算管理週期，但不管採用那種預測週期方式，都必須保持時間與數據完全一致；對於中間欄，建議採用 3 欄形式作爲基本格式，即預測、實際和差異 3 欄，分別填寫預測數據、實際發生數據及預測與實際比較後的差異數值。

預算表格編制除了要遵循以上基本原則外，可能還要根據實際工作情況進行多次反覆修改。預算表格的合理設計和規模填寫，有助於各部門之間的互相協調，有助於提高預算管理工作效率，對整個預算工作的順利進行有著重要意義。

五、全面預算基本點

(一)銷售預算

銷售預算是編制全面預算的起點，也是編制日常業務核算的基礎。銷售預算的主要內容是銷售量、單價和銷售收入。銷售量是根據市場預測和銷貨合約並結合企業生產能力確定的。單價是通過價格決策確定的。銷售收入是兩者的乘積。

表 8-1　銷售預算表

單位：元

季	一	二	三	四	全年
預計銷售量(件)	100	150	200	180	630
預計單位售價	400	400	400	400	400
銷售收入	40000	60000	80000	72000	252000
預計現金收入					
上年應收賬款	41000				41000
第一季	24000	16000			40000
第二季		36000	24000		60000
第三季			48000	32000	80000
第四季				43200	43200
現金收入合計	65000	52000	72000	75200	264200

銷售預算通常要按品種、分期間、分銷售區域、分推銷員來編制。在銷售預算中通常還包括預計現金收入的計算，其主

要內容包括前期應收賬款的收回，以及本期銷售的現金收入，其目的是爲編制現金預算提供數據。

假定宜蘭公司生產並銷售 A 產品，2008 年度預計銷售量、銷售價格、銷售收入以及分季預算數見表 8-1。據估計，A 產品每季的銷售中有 60%能於當季收到現金，其餘 40%要到下季收訖。2007 年末(基期)，應收賬款餘額為 11000 元。

(二)生產預算

生產預算一般根據預計的銷售量按品種分別編制，即在銷售預算的基礎上編制生產預算，爲進一步預算成本和費用提供依據。

由於企業的生產和銷售不能做到「同步同量」，必須設置一定的存貨，以保證在發生意外需求時能按時供貨，並可均衡生產。因此，預算期間除必須備有充足的產品以供銷售外，還應考慮預計期初存貨和預計期末存貨等因素。產品的生產量與銷售量之間的關係，可按下式計算：

預計生產量＝預計銷售量＋預計期末存貨量－預計期初存貨量

公式中預計銷售量可以在銷售預算中找到；預計期初存貨量等於上季期末存貨量；預計期末存貨量應根據長期銷售趨勢來確定，在實踐中，一般是按事先估計的期末存貨量佔本期銷售量的比例進行估算。

假定宜蘭公司各季末存貨按下一季銷售量的 10%計算，年初存貨 14 件，年末存貨 24 件。現根據銷售預算有關資料，編制生產預算見表 8-2：

表 8-2　生產預算表

單位：件

季	一	二	三	四	全年
預計銷售量	100	150	200	180	630
加：預計期末存貨	15	20	18	24	24
合　計	115	170	218	204	654
減：預計期初存貨	14	15	20	18	14
預計生產量	101	155	198	186	640

(三)直接材料預算

直接材料預算主要是用來確定預算期材料採購數量和採購成本。它是以生產預算爲基礎編制的，並同時考慮期初期末材料存貨水準。預計材料採購量可按下列公式計算：

預計材料採購量＝預計材料耗用量－預計期末庫存材料
－預計期初庫存材料

其中：

預計材料耗用量＝單位產品材料耗用量×預計生產量

公式中單位產品材料耗用量可根據標準單位耗用量和定額耗用量來確定。

爲了便於以後編制現金預算，通常要預計材料採購各季的現金支出。每個季的現金支出包括償還上期應付賬款和本期應支付的採購貨款。

直接材料預算的編制見表 8-3：

表 8-3　直接材料預算表

季	一	二	三	四	全年
預計生產量(件)	101	155	198	186	640
單位產品材料耗用量	10	10	10	10	10
生產需要量	1010	1550	1980	1860	6400
加：預計期末存量	310	396	372	380	380
合　計	1320	1946	2352	2240	6780
減：預計期初存量	350	310	396	372	350
預計材料採購量	970	1636	1956	1868	6430
單價(元)	15	15	15	15	15
預計採購金額(元)	14550	24540	29340	28020	96450
預計現金支出					
上年應付賬款(元)	10000				10000
第一季(元)	7275	7275			14550
第二季(元)		12270	12270		24540
第三季(元)			14670	14670	29340
第四季(元)				14010	14010
合　計	17275	19545	26940	28680	92440

假定宜蘭公司生產 A 產品耗用的甲材料，年初和年末材料存量分別為 350 千克和 380 千克。各季「期末材料存量」根據下季生產量的 20%計算。每個季材料採購貨款 50%在本季內付清，另外 50%在下季付清。

(四)直接人工預算

直接人工預算是用來確定預算期內人工工時的消耗水準和人工成本水準的，直接人工預算也是以生產預算爲基礎編制的。直接人工預算的基本計算公式爲：

預計直接人工成本＝小時薪資率×預計直接人工總工時

公式中：

預計直接人工總工時＝單位產品直接人工工時×預計生產量

由於人工成本一般均由現金開支，故不必單獨列支，直接計入現金預算的總額即可。

宜蘭公司生產 A 產品所需人工成本預算見表 8-4：

表 8-4　直接人工預算表

季	一	二	三	四	全年
預計生產量(件)	101	155	198	186	640
單位產品工時(小時)	12	12	12	12	12
人工總工時(小時)	1212	1860	2376	2232	7680
每小時人工成本(元)	6	6	6	6	6
人工總成本(元)	7272	11160	14256	13392	46080

(五)製造費用預算

製造費用預算是指除直接材料和直接人工預算以外的其他一切生產費用的預算。製造費用通常分爲變動製造費用和固定製造費用兩部份。

變動製造費用以生產預算爲基礎來編制。如果有完善的標準成本資料，用單位產品的標準成本與產量相乘，即可得到相應的預算金額。如果沒有標準成本資料，就需要逐項預計計劃產量需要的各項製造費用。爲了便於以後編制產品成本預算，需要計算變動製造費用預算分配率，計算公式爲：

$$\text{變動性製造費用預算分配率}=\frac{\text{變動性製造費用預算總額}}{\text{相關分配標準預算總額}}$$

公式中，分母可在生產預算或直接人工工時總數預算中選擇。

固定製造費用需要逐項進行預計，通常與本期產量無關，按每季實際需要的支付額預計，然後求出全年數。

假定宜蘭公司在預算編制中採用變動成本法，變動性製造費用按直接人工工時比例分配，折舊以外的各項製造費用均於當季付現。

爲了便於以後編制現金預算，製造費用預算也需要預計現金支出。由於固定資產折舊是無須用現金支出的項目，在計算時應予剔除。

製造費用預算見表 8-5：

表 8-5　製造費用預算表

單位：元

季	一	二	三	四	全年
變動製造費用：					
間接材料	2510	2560	2580	2590	10240
間接人工	2300	2360	2340	2370	9370
修理費	1300	1320	1330	1400	5350
水電費	950	970	985	990	3895
其他	450	465	475	475	1865
小計	7510	7675	7710	7825	30720

續表

固定費用：					
修理費	1500	1560	1540	1560	6160
折舊費	2000	2000	2000	2000	8000
管理人員薪資	1800	1800	1800	1800	7200
保險費	500	500	500	500	2000
財產稅	400	400	400	400	1600
小計	6200	6260	6240	6260	24960
合計	13710	13935	13950	14085	55680
減：折舊	2000	2000	2000	2000	8000
現金支出的費用	11710	11935	11950	12085	47680

變動製造費用分配率＝30720÷7680＝4(元/工時)

固定製造費用分配率＝24960÷7680＝3.25(元/工時)

(六)產品成本預算

表 8-6 產品成本預算表

單位：元

項目	每千克或每小時(元)	單位耗用量	單位成本(元)	總成本(元)	期末存貨(元)	銷售成本(元)
直接材料	15	10 千克	150	96000	3600	94500
直接人工	6	12 小時	72	46080	1728	45360
變動製造費用	4	12 小時	48	30720	1152	30240
固定製造費用	3.25	12 小時	39	24960	936	24570
合計			309	197760	7416	194670

產品成本預算是生產預算、直接材料預算、直接人工預算、製造費用預算的匯總，其主要內容是產品的單位成本和總成本。單位產品成本的有關數據，來自前述直接材料預算、直接人工預算和製造費用預算；生產量、期末存貨量來自生產預算，銷售量來自銷售預算。生產成本、存貨成本和銷貨成本等數字，根據單位成本和有關數據計算得出。宜蘭公司的產品成本預算見表 8-6。

(七)銷售及管理費用預算

銷售費用預算是指爲了實現銷售預算所需支付的費用預算。它以銷售預算爲基礎，分析銷售收入、銷售利潤和銷售費用的關係，力求實現銷售費用的最有效使用。在草擬銷售費用預算時，要對過去的銷售費用進行分析，考察過去銷售費用支出的必要性和效果。銷售費用預算應和銷售預算相結合，應有按品種、按地區、按用途的具體預算數額。

管理費用預算是做好一般管理業務所必需的。隨著企業規模的擴大，一般管理職能日益顯得重要，從而其費用也相應增加。在編制管理費用預算時，要分析企業的業務成績和一般經濟狀況，務必做到費用合理化。管理費用多屬於固定成本，所以，一般是以過去的實際開支爲基礎，按預算期的可預見變化來調整。重要的是，必須充分考察每種費用是否必要，以便提高費用效率。

宜蘭公司銷售及管理費用預算見表 8-7：

表 8-7 銷售費用和管理費用預算表

單位：元

銷售費用：	
銷售人員薪資	8000
廣告費	5000
包裝費	3000
運輸費	2900
保管費	2232
小　計	21132
管理費用：	
管理人員薪資	12000
福利費	1440
保險費	3500
辦公費	4000
小　計	20940
合　計	42072
每季支付現金(42072/4)	10518

(八)現金預算

現金預算是用來反映預算期內由於日常經營活動和資本支出引起的一切現金收支及其結果的預算。編制現金預算的目的在於合理地處理現金收支業務，正確地調度資金，保證企業資金的正常流轉。

現金預算由四部份所組成：

⑴**現金收入**

包括期初的現金結存數和預算期內發生的現金收入，如現銷收入、收回的應收賬款、應收票據、到期兌現和票據貼現收入等。

⑵**現金支出**

指預算期內預計發生的現金支出，如採購材料支付貨款、支付薪資、支付部份製造費用、支付銷售費用、管理費用、財務費用、償還應付款項、繳納稅金、支付利潤以及資本性支出的有關費用(設備購置費)等。

⑶**現金收支差額**

列示現金收入合計與現金支出合計的差額，差額爲正，說明現金有多餘；差額爲負，說明現金不足。

⑷**資金的籌集與運用**

根據預算期現金收支的差額和企業有關資金管理的各項政策，確定籌集或運用資金的數額。如果現金不足，可向銀行取得借款，並預計還本付息的期限和數額。如果現金多餘，除了可用於償還借款外，還可用於購買作爲短期投資的有價證券。

借款額＝最低現金餘額＋現金不足額

假定宜蘭公司 2007 年年初現金餘額為 26000 元，並於 2007 年第一季支付股利 5000 元，第二季購買設備 35000 元，每季交納所得稅 3000 元，其他有關資料見以上各項預算。該公司現金餘額最低應保持 26000 元，最高為 36000 元，當現金不足時向銀行借款，多餘時歸還借款。借款在季初，還款在季末。借款年利率為 10%，還款時同時支付所還之款的全部利息。向銀行借款的金額要求是 10000 元的倍數。該公司在第二季借款 30000

元，第三季歸還借款和利息共計 6300 元，其中利息為 300 元(6000×10%×6÷ 12)；第四季歸還借款和利息共計 7525 元，其中利息為 525 元(7000×10%×9÷12)。

宜蘭公司現金預算見表 8-8：

表 8-8 現金預算表

單位：元

季	一	二	三	四	全年
期初現金餘額	26000	36225	27067	26103	26000
加：銷貨現金收入(表 8-1)	65000	52000	72000	75200	264200
可供使用現金	91000	88225	99067	101303	290200
減各項支出：					
直接材料(表 8-3)	17275	19545	26940	28680	92440
直接人工(表 8-4)	7272	11160	14256	13392	46080
製造費用(表 8-5)	11710	11935	11950	12085	47680
銷售費用及管理費用(表 8-7)	10518	10518	10518	10518	42072
所得稅費用	3000	3000	3000	3000	12000
購買設備		35000			35000
股　利	5000				5000
支出合計	54775	91158	66664	67675	280272
現金多餘或不足	36225	-2933	32403	33628	9928
向銀行借款		30000			30000
還銀行借款			6000	7000	13000
借款利息(年利率 10%)			300	525	825
合　計			6300	7525	13825
期末現金餘額	36225	27067	26103	26103	26103

(九)預計利潤表

預計的財務報表是財務管理的重要工具。預計財務報表的作用與實際的財務報表不同。所有企業都要在年終編制實際的財務報表，這是有關法規的強制性規定，其主要目的是向外部報表使用人提供財務信息。而預計財務報表主要爲企業財務管理服務，是控制企業資金、成本和利潤總量的重要手段，可以從總體上反映一定期間企業經營的全局情況。

預計利潤表與實際利潤表內容、格式相同，只不過數字是面向預算期的。該表又稱損益表預算，它是在匯總銷售、成本、管理費用、資本支出等預算的基礎上加以編制的。通過編制預計的利潤表，可以瞭解企業預期的盈利水準。如果預算利潤與最初編制方針中的目標利潤有較大差異，就需要調整部門預算，設法達到目標，或者經企業決策者同意後修改目標利潤。

宜蘭公司編制的預計利潤表見表 8-9：

表 8-9　預計利潤表

單位：元

銷售收入(表 8-1)	252000
銷售成本(表 8-6)	194670
毛　　利	57330
銷售及管理費用(表 8-7)	42072
利　　息(表 8-8)	825
利潤總額	14433
所得稅費用(估計)	12000
淨 利 潤	2433

表中「所得稅」項目是在利潤規劃時估計的，並已列入現金預算。它通常不是根據「本年利潤」和「所得稅稅率」計算出來的，因爲有一些納稅調整事項存在。此外，從預算編制程序上看，如果根據「本年利潤」和稅率重新計算所得稅，就需要修改「現金預算」，引起信貸計劃修訂，進而改變「利息」，最終又要修改「本年利潤」，從而陷入數據的循環修改。

(十)預計資產負債表

預計資產負債表與實際的資產負債表內容、格式相同，只不過數據是反映預算期末的財務狀況。該表是利用本期期初資產負債表，根據銷售、生產、資本等預算的有關數據加以調整編制的。編制預計資產負債表的目的，在於判斷預算反映的財務狀況的穩定性和流動性。如通過預計資產負債表的分析，發現某些財務比率不佳，必要時可修改有關預算以改善財務狀況。

宜蘭公司編制的預計資產負債表見表 8-10。

該表中大部份項目的數據來源已註明在表中。

其中「應收賬款」是按第四季銷售額和本期收現率計算的：

期末應收賬款＝本期銷售額×(1－本期收現率)

＝72000×(1－60%)

＝28800(元)

其中「應付賬款」是根據表 8-3 中的第四季採購金額和本期付現率計算的：

期末應付賬款＝本期採購額×(1－本期付現率)

＝28020×(1－50%)

＝14010(元)

表 8-10　預計資產負債表

單位：元

資產			負債及所有者權益		
項　目	年初	年末	項　目	年初	年末
庫存現金(表 8-8)	26000	26103	應付賬款(表 8-3)	11400	14010
應收賬款(表 8-1)	41000	28800	銀行借款(表 8-8)	15000	45000
直接材料(表 8-3)	4650	5700	股　本	90000	90000
庫存商品(表 8-6)	4326	7416	未分配利潤(表 8-9)	5176	7609
固定資產(表 8-8)	30000	65000			
累積折舊(表 8-5)	5600	13600			
無形資產	10000	10000			
資產總額	121576	156619	負債及所有者權益總額	121576	156619

六、總經理如何進行預算管理

做預算管理，一定要未雨綢繆，進行事先的規劃。

(一)確定經營目標

1.確定戰略目標

一般而言，大型企業都有大的戰略目標。但很多企業的變動性太大，其戰略目標也在不斷地調整。也就是說，很多企業都是機會主義者。一旦成爲這種機會型的企業，就會導致其目標變化非常快，對企業資源造成巨大損失。每一次跳躍，都是對原來積累的能力和資源的一種浪費。企業規模小的時候一般沒有戰略可言，但企業一旦變大，必須要有戰略思想。這種戰略思想表現在，將企業鎖定在不能做什麼，能做什麼，其關鍵是聚集力量打一個目標。所以，大企業要做好預算管理，一定要將戰略目標鎖定。

2. 善於把大的目標分解成每個階段的目標

管理者要善於把大的目標分解成每個階段的目標。每個年度的目標最重要的是，你在每個階段怎麼去分解它。有一些階段，比如企業剛開始起步的時候，首先要計劃在市場上達到一定的規模，然後要迅速地把銷售額做大，做到一定的階段，企業要獲取利潤。同時，企業還會重新定位自己的消費者。比如，原來的目標客戶群達不到企業要擴大銷售額的目的，那麼就要擴展企業的目標客戶群。每一次擴充目標客戶群，都會帶來顧客對企業產品功能需求的變化。一旦功能需求發生變化，都會帶來企業的研發、生產、製作，包括物流配合等一連串的變化。而且，企業越大，這種變化就越需要協調。

圖 8-1 預算管理結構圖

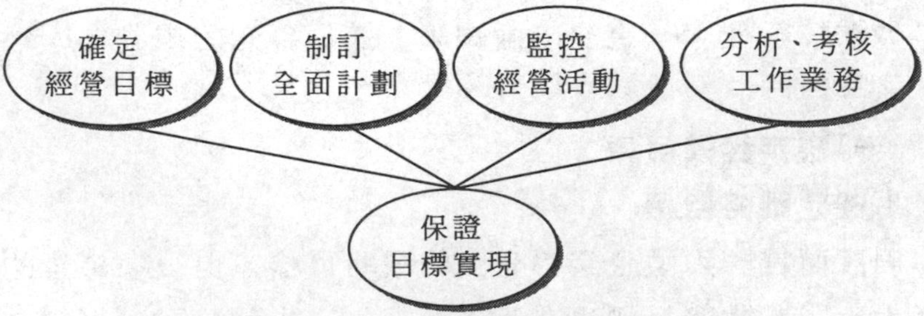

3. 確定經營目標後，和管理團隊溝通

一般來說，企業的現實情況如何呢？

第一，很多企業沒有目標，有什麼機會就是什麼目標。

第二，目標在老闆的腦子裏面，沒有傳遞下去。大集團花了五百萬元請人做了一個戰略規劃，但做完以後老闆就把它鎖到櫃子裏去了，所以弄得那些高層管理者也不知道企業要做什麼。這就是企業內部上下之間溝通不到位。當整個企業的管理團隊都不知道往那走的時候，就會簡單地形成各自的思想，在很多具體問題上南轅北轍。所以，企業在確定經營目標以後，需要和上下管理團隊進行溝通。

(二)制訂全面計劃

1.全面計劃的覆蓋面要廣

全面的計劃是指，從銷售、物流、供應商到內部的加工品質、研發、製造技術，以及人力資源的配合、財務的經營、資金的調配等，都需要做好。這種「全面」，就是覆蓋面要廣。

2.全面的計劃要具有可操作性

全面計劃的覆蓋度還體現在計劃的可操作性上。很多企業雖然做了計劃，但是沒辦法執行，就是因為所作的預算太粗，缺乏可操作性。

3.全面的計劃要能夠分解

全面的計劃還體現在能夠把大的計劃進行分解。管理者可以將大的計劃分解到各個部門的年計劃中，然後，各個部門再把這個計劃分解到月計劃、週計劃，乃至各個員工的日計劃中。所以，這個全面的計劃工作，實際上是一個全員的系統。那麼，為什麼每一年企業各個層級的管理人員都要告訴他們的下屬，企業今年想達到什麼目標，衡量標準是什麼呢？這是因為，如果全面預算的計劃工作做得很好，那麼到年底衡量員工的工作、評定獎金的時候，管理者就有了依據；如果企業的月評判標準非常好，那麼年終的時候就不會出現打破腦袋評誰是一等獎，誰是二等獎的現象。

(三)監控經營活動

這個經營活動指的是什麼？就是要把過程的檢驗納入到預算的監控之中。企業沒有月的監控、沒有每週的監控，肯定是不行的。企業每週的週會、每月的績效考核會議，都非常重要。

去參加一些企業的週會，發現他們在上一個(月)週會和下一個(月)週會上講的話根本沒什麼差別；每個月的會議也都是走過場的那幾句話，最後老闆再講幾句空洞的結束語就草草了事。

實際上，經營預算做得好的話，企業每個月的月幹部會議同時也就是他們每個月的績效考核會議。那麼，這個考核會議怎麼開呢？一般來說，總經理一個月就參加這一次會議。會議的時間一般定在每月的9號下午三點鐘。爲什麼要定在9號開會呢？因爲到每個月的9號，上個月的財務報表指標和所有的績效指標結果都出來了。然後把這些指標都分配到各個部門的主管身上，比如生產部門的指標是公司利潤率、產品正品率、訂單完成率等。依據這些指標，看他們是否達到計劃的要求。如果跳出了紅字，那麼要看這些指標是否受到了其他一系列的影響，比如，產品的銷售價格有變化，或者有些賣出去的產品，雖然銷量很大，但屬於公司非贏利或贏利不高的產品。這些都對生產方面損耗很大，於是紅字就跳出來了。生產部的主管和銷售部的主管，要分別找自己的原因、找解決方案。開會時，他們就要逐一說明紅字跳出來的原因，以及準備如何改善等。所以，這樣的會就比較有針對性，會上不講虛的東西，就講這個指標上個月沒達到，爲什麼這個月還沒達到，你要怎麼去趕上，等等。

所以，總理經要牢牢地用這些指標來督促你的管理團隊，逼著他們將管理行爲落到實處，落到他們具體的部門管理中去，這樣就形成了一套自上而下的金字塔形的指標考核體系。

(四)分析、考核工作業務

通過上面的監控活動我們可以看到，企業的分析和考核工作是聯繫在一起的。如果沒有對過程進行設定，那麼你的考核就成了虛無的東西。如果不善於對企業的日常工作進行考核，那麼你的年度考核結果也肯定不會好。最高明的管理者一定要對日常的工作進行考核，這樣才能夠保證經營目標的實現。

七、預算管理的過程

(一)預算管理的過程循環

如圖 8-2 所示，編制預算首先要編制銷售預測，然後根據銷售預測去編制物料的備貨計劃、新品配貨計劃、研發配合計劃、製作的配貨計劃等。當工廠製造部門要增加設備的時候，還要和製造部門編制設備改造計劃。因此，預算管理的龍頭在銷售預測，所以，銷售預測最主要。只有銷售預測出來之後，才能完成後面的物料、生產、製作、研發、品管等計劃。

圖 8-2 預算管理的過程示意圖

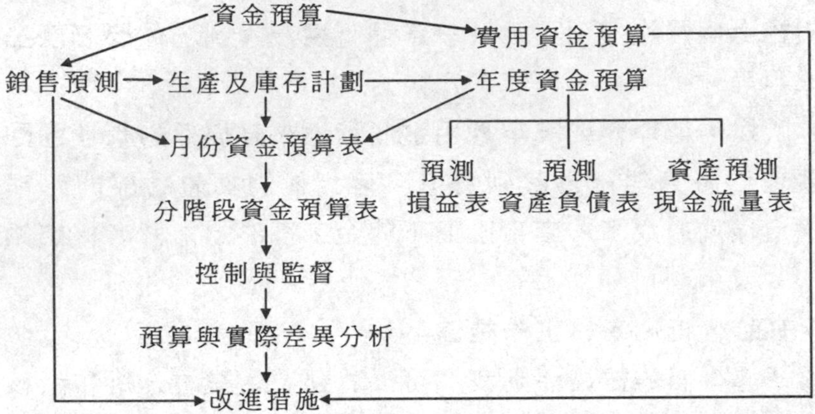

財務預算首先要做一個資金的安排計劃。比如銷售說，明年銷售額要大漲，那麼這就有可能伴隨著資金投入的增大，財務部門就要編制相應的資金配套計劃。如果編制資金的配套計劃有困難，那麼就要編制專項資金的申請。編完以後，財務部門就會作出預測的損益表、資產負債表和現金流量表。比如，今年年底的時候，資產負債表是什麼狀態，損益表顯示能賺多少錢，現金流量是那裏多、那裏少，這些都應該在一年前就已經非常清晰。如果這些情況不清楚，那就是財務預算做得太粗，編制的財務預測表也就把握不準。

有了一個準確的財務預算表，等於整個計劃就已經通過了。這個時候，管理者需要把這個計劃分編到銷售、製造等各個部門的每個月份上去，然後還要編制每週的資金預算表，這樣就把整個的現金流量納入到控制範疇內，不可能出現到時候沒有資金的情況。日常工作中最大的問題，就是實際的情況跟檢測的結果不一樣，要及時地分析這些差異，提出改進的措施，這樣就形成了整體的循環。

編制預算需要注意那些方面？

有些特殊性的預算有兩部份組成：一部份是收入的預算，一部份是支出的預測。收入的預測比較難，支出的預測比較容易。

(二)編制預算時間表

實際上，預算的修整、制訂的過程，比預算的結果更重要。那麼，預算是怎麼編制出來的呢？

預算不應該由財務部門來編，而應該由公司全體的管理層一起來編。財務部門編制預算，實際上是自己在那裏盲目地畫藍圖，因爲具體的業務還是由業務部門來做。所以，預算的編制是整個公司的工作，應該由公司所有的管理人員全體參與。

預算的編制過程一般來說需要經過這樣幾個階段。

1. 9月底——準備會議

9 月底的時候，總經理會召集第二年度的預算準備會。有的企業，由財務來牽頭；有的企業，由企業發展部來牽頭；而有的企業，由總裁辦公室來牽頭，因爲 CFO(首席財務官)兼任總裁辦的主任，由他牽頭比較好。但是無論那種情況，這都是公司每年度管理的頭等大事。

9 月底的會議，參加的人員有：CFO、各個部門主管，以及各個部門的預算專管員。這種預算專管員就是在預算方面對接的人。眾所週知，各業務部門總經理的工作非常繁忙，往往沒有時間參加會議。這時，就需要各部門的總經理助理來參加。

⑴這次會議是定調子的會議，因此非常重要。9 月底，管理者根據整個企業的戰略規劃，基本上能夠對今年的預算完成到什麼程度、今年能賺多少錢，做到心知肚明瞭。所以，明年應該是怎樣一個策略，企業要進行那些管理的調整等，都要在這次會議上定一個調子。

⑵把預算中可能會出現的問題列出來。比如，今年原材料漲價的問題，就會影響到明年原材料的價格。那麼，爲了保持公司的贏利水準，我們要有那些動作呢？比方說，捨棄一些低利潤的產品，重點發展高利潤的產品，甚至進行一些目標客戶群的調整。

⑶根據董事會的指示，看有沒有重大的措施出臺。比方說，有沒有投資新工廠，董事會有沒有提出新的要求等。

2. 10 月初——開始行動

9 月底的這次動員會議定調以後的第一件事就是去行動。

第一個行動的部門就是銷售部，要自下而上報明年的銷售計劃。各個業務經理、業務代表，對明年各自的銷量進行申報，匯總後提交上來，這是行銷系統中銷售部門所做的工作。當然，有的銷售員或業務代表報的數據偏保守，或者有一定的局限性，所以報上來的數據總會有一些差異。

這時，公司有另外一個部門——市場部，也會提供一份數據。市場部會根據對明年市場的預測、銷售市場容量的擴大情況，以及企業將要採取的推廣策略，編制一份計劃。

同時，公司還有第三個部門——客戶服務部，也就是公司的訂單管控部門。他們會對已經拿到的明年的訂單進行排列，雖然不能完全覆蓋明年的全部銷量，但也具有重要的參考價值。

經過這三個部門的把控，得出的預測數據基本上有八九成的把握。

3. 10月中旬——行銷部門第一次會議

行銷部從9月底開始行動，一直到10月中旬，就會召開行銷部門的第一次會議。這次會議由市場總監牽頭，CFO參加，旨在協調行銷部門的總體計劃指標。這個時候的數據會出現很多差異，這是很正常的。但這個差異要定到什麼程度呢？要做到每個月不同的品種數據都要定出來。這時，如果市場代表或者市場部門對某一個大的訂單或某一地區明年可能出現的銷量吃不準的話，就可以到相應的地方，和當地的客戶、當地的代理商進行溝通，目的就是爲了要把預算抓準。

4. 10月底——協調會議

行銷部門去相應的地區溝通之後，就到了10月底。10月底的會議要請總裁參加，提出一個明年度的指標。前面提出的指標是自下而上的，跟公司自上而下的大指標有一定的差異。於是，這兩個指標之間就需要協調。如何協調呢？將目標定在跳一跳能夠得著的地方。一般而言，企業如果很正規，對市場預測把握準確，那麼這種差異不會很大。10月底定出的銷售預測是半關門，不是全關門，還留有一個缺口，大家基本上確定了這樣一個盤子。

5. 11月初——第一次全體會議

盤子定了以後，就到了11月初，召開第一次全體會議。在第一次全體會議上，市場總監開始做報告，並事先把資料發給各個部門的主管。部門主管在聽報告的時候，可能會提出許多問題。比方說，市場總監爲了搶明年的銷量，要求3月份就要有新品研發出來，那麼研發部門就要去研究這個問題。

參加這次會議的人員有：各部門的主管、所有預算的專管員和總裁辦的助理。會議的主要牽頭人是 CFO。那麼，在這次會議上會出現那些不同的現象呢？原來是銷售部門的內部在爭吵，而現在是各個部門在互相爭吵。因此，從 11 月份開始，必須在各個部門中開專項會議。這是一個非常關鍵的時刻，企業可以在公司旁邊的賓館租一間辦公室或會議室，在那裏連續開會。銷售部會跟研發部、製造部、財務部開協調會議，針對困難進行大量的協調工作。每天的協調會議非常密集，其結果匯總到 CFO 那裏，由 CFO 做結論，有些困難就被解決掉了。

6. 11 月中旬——第二次全體會議

第一次全體會議中的重大事情可能要移交到總裁那裏，這時就到了 11 月中旬的第二次全體會議。這次會議，總裁也要參加。在這次會議上，市場總監開始做第二次報告，陳述那些地方通過了，那些還沒通過。這時，又有幾個專項的會議要開。這次的專項會議可能要變成拍板的會議，有的時候需要總裁參加，有的時候需要 CFO 參加，有的時候甚至兩三部門在一起協調，確定某個產品到底能不能生產。

第二次全體會議結束以後，企業預算得到了更精細的完善，因爲既要把操作規定在裏邊，又要把時間表放進去。在此，我們有一條鐵的紀律，就是如果在以後每個月份的執行過程當中發生問題，一定要追溯當初編制預算的時候爲什麼沒考慮這個問題。所以，預算不能隨便編。

11 月份，爲了適應銷售這一龍頭，各部門之間會出現很多問題。所以，在每次開會的時候，部門之間相互爭吵是應該的。

這個時候爭吵是爲了以後不吵，而且這個時候的爭論越豐富越好、越完整越好，這些都是爲了以後行動的成功。所以，到了11月份，其他相關部門的問題都暴露了出來。比方說，品管部要解決去年的品質問題，那麼生產部在品質上要達到什麼標準，要求公司如何配合？製造部明年要達到這樣的產量，需要人力資源部召集多少人，並且培訓到什麼程度？這樣就對後期的部門提出了一些要求。要落實這樣的銷售預算，又要召開多次專項銷售會議。所以，每次開預算會議的時候，很多幹部都被「剝了一層皮」。因爲，每一次預算會議都會歸納出一些問題，達成一定的共識，並且作出相應的承諾。比如，你要怎樣去做，完成那些目標，都要一一報出來，然後立刻輸入電腦備檔。

7. 11月下旬——第三次全體會議

解決完11月中旬出現的很多專項問題，就到了11月下旬召開第三次全體會議的時間。在這次會議上，各個預算全部歸攏，每個主管都要作報告。這個時候還會遺留一些問題。將這些問題匯總起來，由總裁出面把這些問題解決掉。

8. 11月底、12月初——報董事會

第三次全體會議之後，就到了11月底、12月初。預算初步形成，下面一件大事就是將預算報董事會。和董事會的溝通非常重要，而且最好事先溝通，瞭解其基本想法，不要等到預算報告出來之後再去溝通。因爲，如果董事會對預算不滿意，總裁就有可能面臨辭職的尷尬境地。

9. 12月中旬——預算的宣導

預算報董事會之後，就到了12月中旬。如果董事會通過了這份預算，那麼就要在企業內部開展預算的宣導工作。各個部

門在 12 月份就要開始編制本部門明年預算的明細計劃，所以要去各個部門宣導公司的整體安排和整體預算方案。

這樣一個爲期 3 個月的精細化預算過程，實際上是爲了保證來年 12 個月的步調一致、行動一致。這個預算雖然看似比較麻煩，但是這種麻煩恰恰是爲了今後執行得更到位。

八、管理者對預算的定位決定了預算的程度

預算管理最主要的是要強化預算的根本目的。預算能夠做到什麼程度，和管理者對它的定位密切相關。

在預算動員會上有一段講話非常精彩，預算制訂的過程，就是制訂賽馬的過程；預算管理的過程，就是企業管理的過程；預算執行的過程，就是企業內部賽馬的過程；預算執行的結果，就是管理成效的體現。所以，任何一位幹部都要把預算當成管理的重要大事來抓。對於公司而言，預算能否實現，是公司有否誠信的標準。如果連續發生不能實現預算的情況，那就是幹部的能力有問題，企業的誠信有問題。而一旦失去誠信，企業將會失去所有的立身之本。

如果把預算當成是一個管理的依據，那麼預算就有了另外的含義。因此，預算到底能產生什麼作用，能達到什麼結果，是跟我們管理者的出發點相聯繫的。我們要把預算定位爲，一個控制企業達到管理效益的綜合工具。

第 9 章

企業的內部控制

一、企業為何要加強內部控制

內控到底有多重要，為何內控做不好，利潤就上不去？如何做好內控？

內部控制制度是單位內部各職能部門、各有關工作人員之間，在處理業務過程中相互聯繫、相互制約的一種管理制度。它是對業務的處理過程實施控制的方法、程序和手續的總稱。所謂聯繫，是指業務發生時有關經辦人員之間如何互相溝通、協調，使經濟活動得以順利進行；所謂制約，是指經辦人員之間如何相互牽制、相互監督，以防止營私舞弊和技術錯誤，保證經濟活動的合法合理性。

完整、有效的內部控制制度具有以下 4 個作用：

(一)保證會計信息真實及時，提高其使用價值

會計信息雖然最終由財會部門提供，但由於信息來源管道

複雜，各種資料經過的環節較多，業務辦理人員素質參差不齊，這就為保證會計信息的品質造成了困難。要想解決這一問題，必須在設計會計制度時根據內控制度的要求，規定各項業務的標準處理程序，包括業務的發生地點、經過環節、經辦人員的職責劃分、業務處理時間、審批稽核手續以及使用的憑證賬簿等。這樣，通過會計制度的實施，就可以保證會計信息的品質。可見，嚴密完善的內部控制制度，為提供真實、正確、及時的會計信息奠定了基礎，而真實、及時的會計信息在經營管理中才具有使用價值。

(二)保護會計制度的貫徹執行

內控制度在會計制度體系中，不像會計科目、會計憑證、財務報表等，不能作為獨立的部份，而是貫穿於會計制度的各個方面，對整個會計制度的實施起保護作用。從某種意義上講，會計制度能否順利執行，實施效果是否理想，關鍵取決於內部控制制度是否嚴密完善。如果只有會計制度條文，而缺乏嚴格的保護性措施，會計工作同樣不能規範運行。例如，關於產品銷售業務所使用的會計科目、憑證、賬簿以及賬務處理辦法等方面的規定雖已齊備，但如果沒有明確規定開票、收款、發貨、門衛等有關人員的職責，沒有規定他們之間的制約方式，銷售業務就可能出現漏洞，給違法亂紀行為造成可乘之機，削弱和降低會計制度的作用。可見，完善的內部控制制度是保證會計制度貫徹執行必不可少的措施。

(三)防錯消弊，保護企業財產的安全完整

內部控制制度的基本要求是將業務的辦理工作進行合理的分工，明確規定每一個業務經辦人員的職權和責任，設計週密的業務處理程序和手續。可見，內部控制制度強調辦理業務的多層次性，以保證業務處理過程的透明度和處理結果的客觀性；否定經辦人員和經辦手續的單一性，以防止業務處理過程的隱蔽性和處理結果的主觀性。它可以將每一經辦人員的職責、行爲置於其他經辦人員的監督之下，使每一經辦人員只享有辦理業務的部份權利，保證任何業務的發生和完成，都有若干人參與或知曉。這樣，就不會給任何不法分子以可乘之機，可以有效地防止營私舞弊行爲的發生，即使一些經辦人員在處理業務時做了手腳，也會立即暴露在其他有關人員的監督之下。同時，還可以避免或減少會計工作中的失誤和技術性錯誤，保證會計工作品質。

(四)加強工作崗位責任制，提高會計工作效率

健全完善的內部控制制度，能夠使經辦業務的各有關人員按專業分工，明確自己的崗位責任，並在分工的基礎上，建立有機的協作關係。這樣，既體現了工作的專業化，又增強了工作的協調性，不僅爲各有關人員熟練地掌握自己的工作內容、工作方法、工作要求和專業知識創造了條件，有利於發揮專業優勢，避免因頭緒過多而顧此失彼，提高會計工作效率，而且有利於加強崗位責任制，促使業務經辦人員盡職盡責。

二、企業進行內部控制的要素

(一)內部控制制度的目標

企業內部控制制度的目標是：保全資產，提高會計信息的準確性，完善經營管理制度，追求綜合效益。

內部會計控制的目標具體包括以下五個方面：

⑴完整性。所有發生的業務都記入會計記錄。

⑵有效性。所有記錄的業務都是實際發生的，並經過規定的程序。

⑶準確性。對於各階段業務的記錄都應做到金額準確、賬目無誤並處理及時。

⑷安全性。會計登記完畢後應妥善保管，以便隨時瞭解單位經營活動的準確情況。

⑸責任性。對資產本身和授權動用資產的文件的接觸應嚴格地局限於經過授權的人員。

(二)內部控制制度的主體

內部控制制度的主體是企業管理者。會計人員不是內部控制的主體，但他們是內部控制信息的製造者，是內部控制效果好壞的回饋者。

(三)內部控制制度的客體

內部控制制度的客體即內部控制所指向的對象。廣義的內部控制是把企業作爲一個整體，針對各項業務和各個管理層所進行的協調性的控制；狹義的內部控制對象是把企業細化，針對某一管理部門或某一業務展開控制與管理。

(四)內部控制制度的措施

內部控制制度的措施是各種手段、方法的集合，其目的是爲了保證內部控制制度在企業內部有效運行，以實現控制的目標。

三、企業內部控制的內容

由於各個企業的規模、性質、組織、業務範圍與管理水準不同，各企業在建立內控制度時的方法與構成的內容方面也有所不同，通常其內容構成可以分爲以下幾類：

(一)控制環境

控制環境是指對企業內控產生重大影響的因素的統稱。不論何種企業，它的內部控制制度的設計執行都是處於企業特定的控制環境中。控制環境好壞直接影響到內控的設計方案和執行程度。控制環境包括以下幾方面：

⑴管理者的觀念、風格及其素質。

⑵企業的業務範圍、經營風險。

⑶人事政策和人事管理現狀。

⑷外部環境的好壞及其對該企業的影響。

⑸管理控制的方法。

⑹其他需要注意的情況。

(二)組織機構控制

組織機構控制是指管理者應如何將企業內部的各項工作進行有效的分工，從而使員工們能夠各司其職、各盡其能、各守其責。就如何分工問題，管理者應當做好以下幾個方面：

⑴授權進行某項業務和執行該項業務的職務要分工。

⑵執行某項業務和記錄、審查該項業務的職務要分工。

⑶保管某項財物和記錄該項財物的職務要分工。

⑷保管某項財物和將實存數、賬存數相核對的職務要分工。

⑸記錄總賬和記錄明細賬的職務要分工。

(三)業務記錄控制

業務記錄控制是指管理者應規定若干制度來要求會計人員或相關業務記錄人員必須認真按照規定的制度去執行，以保證會計記錄達到真實、及時和準確的要求。

管理者應從以下幾個方面來建立記錄控制制度。

⑴建立嚴格的憑證制度。憑證是記錄業務發生的依據，嚴格的憑證制度，要求設計良好的憑證格式和傳遞程序，並要求所有憑證均按順序編號。

⑵規定會計記錄的程序。要求以書面形式說明從填制會計憑證，到登記賬簿、編制財務報表的全過程。

⑶健全記錄覆核工作。對已完成的會計記錄進行覆核，是控制會計記錄，使其正確可靠的一種重要方法。

(四)業務處理程序控制

業務處理程序控制是指管理者將某一業務從發生到完成的

全過程分解成幾部份，各部份分別由不同的部門或人員單獨處理。這樣，既有效地發揮了群體的智慧，又有效地進行了內部牽制，可以防止營私舞弊的發生。

爲了保證業務處理程序公開高效地進行，管理者應該注意將每一項業務活動都劃分爲授權、主辦、標準、執行、記錄和覆核六個步驟。這些步驟分別交給不同部門或人員來處理。

四、企業內部控制的方式

內部控制的方式很多，在不同的業務處理過程中，應當採用不同的控制方式，才能最大限度地發揮內部控制制度的作用。

(一)授權控制

授權控制是指單位內部的各級工作人員必須獲得批准和授權後，方能執行或處理有關的業務。其基本要求是：單位內部的各級管理層必須在授權範圍內行使相應職權，各級工作人員在處理業務時，必須首先明確自己的職權和責任，在授權範圍內開展工作，既不能超越權限去處理那些不屬於自己職權範圍內的事情，如非出納員收付貨幣資金、非會計員處理賬務等，也不能推諉責任，對那些屬於自己職權範圍內的事情不認真辦理，如保管員不認真負責物資收發，會計員不按規定登記賬簿等。

按授權的性質，授權控制可分爲：「一般授權」和「特定授權」。一般授權通常規定處理正常業務的標準，授予有關人員處理一般業務的權利，如推銷員按規定價格銷售產品或商品、採購員可在計劃指標內購買材料等。特定授權是指授予有關人員處理特殊業務的權利。例如，企業銷售閒置設備、削價處理積壓的存貨，必須經私營企業主特別批准授權後才能處理，銷售人員不得自行決定。否則，就屬於越權行為，銷售價格就會失去控制，就有可能產生漏洞。

授權控制有利於建立崗位責任制，便於有關人員各司其職，各負其責，有效防止問題的出現，即使發生問題也便於查找解決。

(二)分權控制

分權控制，又稱職務分管控制，它要求任何一項業務的辦理，都必須由兩人或兩人以上分工掌管，不允許任何一個人單獨辦理任何一項業務，以便形成相互制約、相互監督的格局，避免一個人包辦業務全過程而容易出現的弊端和錯誤。一般情況下，以下職務和權力應當實行分管：

⑴業務的授權批准職務與執行職務應予以分離，即將審批權與執行權分離。

⑵業務的執行職務與記錄職務應予分離，即將業務的執行權與記錄權分離。

⑶財產物資的保管職務與會計記錄職務應予分離。

⑷業務的經辦職務與稽核職務應予分離。

⑸貨幣資金出納職務與總賬記錄職務應予分離。

此外，業務的授權批准職務與監督檢查等職務也應分離，以確保內部控制的嚴密性。

(三)憑證控制

憑證控制是指業務發生時，通過填制和傳遞原始憑證，對業務實施記錄控制，以便在任何時候、任何問題發生時都有據可查。為此，設計足夠的憑證聯次和合理的憑證傳遞程序，將業務發生所涉及到的各職能部門或個人聯繫起來，是強化內部控制的有效方式。其主要內容是：

(1)每發生一筆業務，都必須填制或取得合法的、真實的、正確的原始憑證，作為各項業務的證明材料和控制依據。

(2)根據需要用複寫方式填制憑證，即一式幾聯。

(3)重要的憑證如收款收據、銷貨發票等應當事先編號，以防短缺，一般憑證可在使用時按順序統一編號。

(4)憑證上必須具備業務經辦人員的簽名或蓋章，以明確其應負責任，強化制約關係。

(5)建立覆查和核對制度，包括對憑證本身的覆查和與其他有關憑證的核對。如購貨發票，既要審查其是否符合原始憑證填制要求，又要與訂貨合約、收料單等進行核對。

(6)建立科學合理的憑證傳遞程序，與業務的標準處理程序結合起來，使各種憑證在業務經辦部門和人員之間合理的流轉。既要經過每一個必要的環節，防止遺漏，發生失控現象，分不清責任，又要盡可能地減少傳遞環節，提高工作效率。

(7)建立嚴格的印製、購買、保管、使用、註銷和存檔等管理制度。

(四)賬簿控制

這一控制方式是通過利用會計賬簿對業務進行序時、分類記載的功能，實施內部控制。其主要內容是：

⑴建立完整的賬簿組織體系，明確規定各種賬簿的作用以及它們之間的關係。做到：總賬控制明細賬、日記賬；明細賬控制財產實物和債權債務的數量、金額變化；日記賬控制收付款的筆數和金額。

⑵規定過賬、對賬、結賬的要求，並區別各種賬簿做出不同的規定。如總賬既可逐筆過賬，又可匯總過賬，而明細賬、日記賬必須逐筆登記，尤其是現金、銀行存款日記賬還須逐筆結出餘額。

⑶建立嚴格的賬簿領用、存檔、查閱、銷毀等方面的管理制度。

(五)崗位輪換控制

崗位輪換是指各個崗位上的工作人員定期不定期的相互調換職務，避免一個人在一個工作崗位上長期滯留。特別是涉及貨幣資金收支和財產實物收發的崗位，應盡可能地經常調換。

職務輪換的具體方式，一般有對換和輪換兩種，對換即兩種職務之間的對調，如材料保管員與產品保管員對換，管應收款的會計與管應付款的會計對換等。輪換則是多種職務之間的循環調換，如財會機構內部的材料會計去做成本核算，成本會計去管銷售賬務，銷售會計去登記總賬和編制報表，總賬會計則去從事材料核算，以形成一個工作輪換循環圈。

具體而言崗位輪換具有以下好處：

⑴防止某些人因長期從事某項工作而產生惰性，或利用工作之便編織「關係網」進行舞弊。

⑵有利於及時發現問題，並採取措施儘快解決。由於原來的工作人員所從事的工作被輪換後，要受到接替人員的檢驗，即使發生了差錯或舞弊行爲，也便於發現和揭露並加以處理，以免長期隱匿，造成大的損失。

⑶有利於促使工作人員盡職盡責。由於每一個工作人員隨時都有調動職務、移交工作的可能，所以必須按規定及時完成自己的本職工作，不能拖拉。

⑷有利於培養「多面手」，提高工作人員的業務素質和獨立工作的能力。

(六)預算控制

預算控制是指單位內部的各項費用開支應當實行預算管理的辦法，通過預算的編制、執行、分析和考核，強化費用開支的管理。

(七)審批與稽核控制

這種方式是通過事前的審批控制與事後的稽核控制，對業務的合法合理性起到事前把關、事後驗收的作用。

(八)檔案專管控制

這一控制方式是指對會計憑證、賬簿、報表等檔案資料，實行專人保管，以便對檔案所涉及的有關人員的工作情況實施控制，防止根據個人需要更改、調整甚至毀滅檔案記錄的現象發生。其主要內容是：設置專職或兼職(出納員不得兼任)檔案保管員並規定其崗位責任；規定專門的保管場所；規定各種檔案的存續時間；建立嚴格的檔案調閱、銷毀等制度。

(九)標準處理程序控制

這一控制方式是指對每種業務的處理程序和手續制定出標準化模式，使程序的各個環節之間形成步步核查、環環監督的格局，以便及時發現差錯和弊端，加以處理，防止同類業務的處理因程序與手續不同而出現工作扯皮、職責不清、結果各異等現象。其主要內容有：規定每種業務應經過的環節和手續；對主要業務用文字或流程圖的方式制定出標準化處理程序；規定業務由那些部門和那些人員處理，各環節的流轉手續和滯留時間以及審核內容等；規定各個環節和各道手續之間的關係。

採用標準處理程序控制方式實施內部控制，一方面可以把各職能部門串聯在一起，形成一個有機的整體，有條不紊地開展工作，及時規範地完成任務；另一方面又可形成相互制約、相互監督的機制，把可能發生的差錯和弊端消滅在業務處理過程中。

(十)電子信息系統控制

隨著電子電腦在會計中的普及應用，一些傳統控制方式的作用被削弱，而舞弊手段也在朝著智慧化、現代化的方向發展。為適應這種變化，必須運用電子信息技術手段建立控制系統，減少和消除人為控制的影響，確保內部控制的有效實施。同時要加強對電子信息系統開發與維護、數據輸入與輸出、文件儲存與保管、網路安全等方面的控制。

以上各種方式，有些是從總體上考慮，不局限於某種業務。

有些則是針對具體的業務而採用，管理者應當根據業務的需要靈活把握。

五、企業內部控制的成敗關鍵點

(一)現金收付的內部控制制度

現金收付控制是企業內部控制系統中最爲重要的環節，它包括現金收入的內部控制和現金付款的內部控制。

1.現金收入的內部控制

現金收入的內部控制重點主要在以下幾個方面：

①聘用可靠、合格和有職業道德的職員。公司應仔細審查職員是否有不良的個人品質。此外，還需花費大量資金實施培訓計劃。

②合理分工。指定特定的職員擔任出納或管理出納的人員或現金收入會計。

③合理授權。只有指定的職員(如部門經理)才可批准顧客的特殊情況，即同意顧客賒購商品。

④職責分離。出納和分管現金的職員不得接近會計記錄，記錄現金收入的會計不得兼管現金。規定出納人員不得兼管稽核、會計檔案保管和收入、支出、費用、債權、債務賬目的登記工作。

⑤審計。內部審計人員檢查公司的業務是否與管理政策相符。外部審計人員檢查現金收入的內部控制，主要是確定與現金收入相關的營業收入、應收賬款和其他項目是否準確。

⑥憑證和記錄。顧客要收到有業務記錄的收據，銀行對賬

單要列示現金收入用以核對公司記錄(送款單)。

⑦電子電腦及其他控制。現金出納經辦業務，要通過電子電腦進行，以受其制約。現金要存放在保險櫃和銀行裏。

2.現金支出的內部控制

現金支出的內部控制制度也是非常重要的，與現金收入的內部控制制度相對應，主要注意以下幾個方面：

①選用可靠、合格和有職業道德的員工。現金付款應由高層職員管理，大額付款應由財務主管或財務主管助理經辦。

②合理分工。專門的職員批准需付款的購貨憑證，高級管理人員批准簽發支票。

③合理授權。大額開支必須由業主或董事會授權，以確保與企業目標相一致。

④職責分離。電腦程序員和其他經管支票的職員不得接近會計記錄，登記現金支付的會計不得有經管現金的機會。

⑤審計。內部審計人員主要審查公司業務是否與管理制度一致；外部審計人員主要審查現金支出的內容是否合理、金額是否準確。

⑥憑證和記錄。要有供應商開出的發票及其他支付現金所必需的憑證;銀行對賬單上列示的現金支出(支票和電子通匯付款)用以調整公司的賬面記錄;支票要按順序編號，以說明付款的順序。

⑦電子電腦及其他控制。空白支票應鎖在保險櫃裏並由不從事會計工作的管理人員負責控制；支票的金額要用擦不掉的墨水由機器印上去，已付款的發票要打孔以避免重覆付款。

(二)存貨的內部控制制度

存貨是企業的流動資產，包括原材料、輔助材料、燃料、低值易耗品、包裝物及保護用品等。存貨被譽爲商業企業的血液，所以存貨的內部控制很重要。

以上是有關存貨內部控制的基本要求，在一些內部控制制度比較完善的企業，存貨管理更爲規範。在實際工作中，管理存貨出入的做法是：存貨的每筆收入與發出都辦理憑證。收入存貨需填制採購材料驗收入庫單、自製原材料交庫單、商品採購入庫單、產品完工交庫單、原材料退庫單等；發出存貨需填制材料領用單、材料發料單、產品銷售發貨單、原材料退庫單等；月末應編制收料匯總表和發料匯總表。

存貨的領用、發出、審核、保管、記賬均要實行分工負責。

存貨不僅要進行金額控制，而且要實施實物控制。會計部門一般控制金額，供應部門或銷售部門分別控制金額和實物，倉庫一般進行實物管理。

每年實地盤點存貨是必要的，因爲確認庫存存貨的唯一方法就是盤點。再好的會計系統也會有錯誤，盤點對確定存貨的正確價值是必不可少的。當發現錯誤時，應調整會計記錄，使其與實地盤點數一致。

使存貨經手人遠離會計記錄是必要的職責分離。一個既可接近存貨，又可接近會計記錄的職員會有機會盜竊存貨，並編制會計分錄將其盜竊行爲掩蓋起來。例如，在存貨實際被盜時，職員可增加沖銷的存貨數，以使存貨金額降低。

在競爭日益加劇的市場環境中，公司不能將現金過多地拴在存貨上而增加費用。

良好的存貨內部控制包括以下幾個方面：

⑴無論採用什麼盤存制度，每年至少實地盤點一次存貨。

⑵保持高效的採購、驗收和運輸程序。

⑶保管好存貨，以防被盜、損壞和腐爛。

⑷僅允許那些不能接近會計記錄的人員接近存貨。

⑸對貴重商品保持永續存貨記錄。

⑹按較經濟的數量購買存貨。

⑺保持足夠的存貨以防因存貨短缺減少銷售收入。

⑻不要保留過多的存貨，以防將資金拴在不必要的項目上而增加費用。

(三)固定資產的內部控制制度

企業單位也存在由於內部控制不健全，就導致資產流失的現象，因此，加強固定資產內部控制就成爲一件迫在眉睫的事情了。

固定資產的內部控制包括確保資產安全和有適當的會計系統。其中保證資產安全包括：

⑴分配保管資產的責任。

⑵資產的保管與資產的會計處理分離(這是各方面內部控制的基礎)。

⑶建立防範措施(如看守和限制接近資產)，防止資產被盜。

⑷保護資產，防止自然環境(如雨、雪等)侵蝕。

⑸培訓操作人員適當使用資產。

⑹購買足夠的保險，以防止火災、暴風雨和其他災害造成資產損失。

⑺建立定期維修制度。

固定資產的控制與價格較高的存貨的控制有許多類似之處，都要借助輔助記錄。對固定資產，公司使用固定資產明細賬。每項資產都要在記錄中列出，並指明其地點和負責人，這有助於確保固定資產安全。明細賬記錄還列出了資產成本、使用期限及其他會計資料。

（四）採購業務的內部控制制度

採購業務是企業進行生產的第一個重要環節，因此，一個良好的內部控制系統也會對這一業務進行比較嚴密的監控。採購業務主要由商品、原材料和固定資產三個部份的採購供應組成。它一般包括簽訂供貨合約、驗收原材料或商品入庫、結算支付貨款三個環節。

1. **採購內部控制的基本要求**

①採購工作中計劃、訂貨、驗收、結算等各個環節必須分工負責，並且採購中除了對一般物資購買作一般授權外，對資本支出和租賃合約等重大採購事項要進行特別授權。

②採購人員除經過特別授權外不得擅自改變採購內容，只能按批准的品種、規格、數量進行採購。

③除零星採購外，採購業務均需簽訂採購合約。

④採購貨款必須在認真審核、核對合約之後，方可付款結算。

⑤除小額採購外，採購貨款必須通過銀行轉賬結算。

⑥採購的物資必須經過驗收方可入庫。

⑦採購過程中的損耗必須查明原因，經審核批准後方可處

理。

⑧應付賬款明細賬與總賬應定期核對並保持金額一致。

2.**採購內部控制的主要手段**

①採購前先填寫「物資採購申請單」，辦理申請手續。企業各部門所需要的材料、商品和其他物資，或者倉儲部門認爲某種貨物的儲備量已達到最低儲備限額而需要補充時，應當通過填寫「申購單」的方式，申請購貨。「申購單」由負責這類支出預算的主管人員簽字後，送交供應部門負責人審批，並授權採購人員辦理購貨手續。採用這種方式，能使每一次採購業務都有相應的依據，這對於提高採購的計劃性，節約使用資金，分清各有關部門和個人的責任都有比較好的作用。

「申購單」一般採用一式兩份的方式，詳細註明：申購部門、申購物資名稱、規格、數量、要求到貨日期及用途等內容，一併交供應部門。供應部門據此辦理訂貨手續後，將其中一張退回申購部門，以示答覆。

②採購時要簽訂「採購訂貨單」，規範採購活動。企業中除零星物品的採購可隨時辦理外，大量購買業務應盡可能簽訂合約並採用訂貨單制度，以保證採購活動的規範化。「採購訂貨單」是供應部門進行採購活動的一種業務執行憑證，也是購銷雙方應當共同遵守的一種契約，它不僅使採購業務在開始時就置於計劃控制之下，而且便於在任何時候、任何環節下對整個採購業務進行查詢。

「採購訂貨單」可根據實際情況，採用數張複寫方式，其中一張送交銷貨單位，請求發貨；一張轉交倉庫保管部門，作爲核收物品時與發票核對的依據，即驗收貨物的依據；一張留做存根，由供應部門歸檔保存，以便對所有的訂貨與到貨情況進行查對、分析。

③採購物資到達時應填寫「入庫單」，嚴格驗收之後方可入庫。採購部門購回的各種原材料，都應及時送交倉庫驗收。驗收人員應對照銷貨單位的發貨票和購貨訂單等，對每一種貨物的品名、規格、數量、品質等嚴格查驗，在保證貨、單相符的基礎上填寫「入庫單」。「入庫單」是證明原材料或商品已經驗收入庫的會計憑證。「入庫單」由倉庫驗收人員填制，取得採購人員的簽字後，一張留存，登記倉庫台賬；一張退給採購部門進行業務核算；一張送交會計部門。嚴格的驗收制度，有利於考核採購人員的工作品質，劃清採購部門與倉庫之間的責任，保證物資入庫準確、安全。

④規範審查制度、嚴格審核採購業務的各種憑證。會計部門在正式記錄採購業務、支付貨款之前，應對各有關部門送來的各種原始憑證，包括發貨票、運費收據、入庫單以及訂貨單等進行認真的審查、核對。不僅審查每一張憑證的購貨數量、金額計算是否正確，還要檢查各種憑證之間是否內容一致、時間統一、責任明確、手續清楚等。如果發現問題，應及時查明原因，分清責任，合理解決。在此基礎上，編制付款憑證，由出納員支付貨款，並按貨幣資金支出業務的內部控制要求辦理，使兩種業務的內部控制統一起來。

（五）銷售業務的內部控制制度

銷售業務也是企業內部控制應當著重注意的一個環節。採購業務是企業各項物資的「入口」，而銷售業務則是企業各項物資的「出口」，這兩個「口」一個也不能放鬆。銷售業務一般要經過簽訂銷售合約、填寫發貨單通知倉庫發貨、辦理發貨、辦理貨款結算四個環節。

1. 銷售內部控制的基本要求

銷售業務內部控制一般情況下應符合以下要求：

①發票和發貨單應按順序編號，如有缺號經批准方可註銷。

②銷售合約、發票和發貨單，必須經過審核批准方可註銷。

③要按規定價格銷售，未經授權不得改變售價。

④廢殘料的出售必須按一般銷售業務處理方法同樣處理。

⑤銷售退回必須經授權批准後方可辦理退款手續。

⑥收款時必須對品名、數量、單價、金額進行審核，有銷售合約的必須與合約核對。

⑦開單、發貨、收款必須分工負責。

⑧應收賬款明細賬應與總賬核對相符。

⑨銷售業務應及時入賬，並且入賬時要分類清晰。

2. 銷售內部控制的具體方式

銷售業務分爲現銷業務和賒銷業務兩種類型。

①現銷業務內部控制的具體做法。現銷業務是指企業在銷售產品或商品的同時，收取貨款，強調錢貨兩清。工業、商業批發等企業對現銷業務實施內部控制的主要手段是開具「銷貨單」，並確定其合理的傳遞程序。具體做法是：

a. 客戶購貨時，由銷售部門填制一式數聯的「銷貨單」，註明購貨單位、貨物名稱、規格、數量、單價、金額等，經負責人審核簽章後，留一聯作爲存根，進行業務核算，其餘交客戶辦理貨款結算和提貨。

b.客戶持「銷貨單」向財會部門交款。財會部門對「銷貨單」認真審核後，辦理收取貨款的手續，並加蓋財務專用章和有關人員的簽章，留一張編制記賬憑證，其餘退給客戶。

c.客戶持「銷貨單」中的提貨聯向倉庫提貨。倉庫保管人員對「銷貨單」進行覆核，確認已辦妥交款手續後，予以發貨，並將提貨聯留下登記倉庫台賬。

②賒銷業務內部控制方式。賒銷業務是指企業先辦理產品或商品發出，然後在規定時間內收取貨款。一般情況下，賒銷業務的內部控制除符合前述要求外，還應採取以下方式實施賒銷控制：

a.嚴格訂貨單制度，強化銷售合約的作用。

凡銷售業務，最好採用訂貨方式，訂單確定後列入銷售計劃，作爲日後發貨的依據，防止無計劃地發出貨物。

b.建立賒銷業務批准制度。

賒銷業務應經過財務負責人批准，未經批准，銷售部門不得指令倉庫發貨，以防止因不瞭解客戶信用度而可能造成損失。

c.及時登記銷售明細賬和應收賬款明細賬。

在發出貨物後，會計部門應對銷售部門開具的「銷貨單」以及相關的合約、訂單等進行核對，正確無誤後編制記賬憑證，並及時登記銷售和應收賬款明細賬，以充分發揮賬簿的控制作用。

d.定期與購貨單位核對賬目，並按有關規定及時收取貨款。

對賬中發現的問題應及時查明原因加以處理，收回貨款應及時登記應收賬款明細賬，確保雙方賬目相符。

六、管理案例

沃爾瑪百貨有限公司由山姆·沃爾頓於 1962 年創立。在短短幾十年間，它由一家小型折扣商店發展成為世界上最大的零售企業之一。2002 年《財富》評選的「500 強」中，沃爾瑪更是以 2189.12 億美元的銷售收入位居首位。沃爾瑪不斷壯大，超越對手，坐上了世界零售企業的頭把交椅。沃爾瑪強大的物流信息系統在其發展過程中起到了舉足輕重的作用。

沃爾瑪有 80000 多種商品。為滿足全球 4000 多家連鎖店的配送需要，沃爾瑪每年的運輸總量超過 780000 萬箱，總行程達 65000 萬公里。沒有強大的信息系統，它根本不可能完成如此大規模的商品採購、運輸、存儲、物流等管理工作。早在 20 世紀 80 年代沃爾瑪就建立起自己的商用衛星系統。在強大的技術支持下，如今的沃爾瑪已形成了「四個一」，即「天上一顆星」——通過衛星傳輸市場信息；「地上一張網」——有一個便於用電腦網路進行管理的採購供銷網路；「送貨一條龍」——通過與供應商建立的電腦化連接，供應商自己就可以對沃爾瑪的貨架進行補貨；「管理一棵樹」——利用電腦網路把顧客、分店或山姆會員店和供應商像一棵大樹有機地聯繫在一起。

1. 對信息系統的宜蘭支持

控制環境是指對建立、加強或削弱特定政策、程序及其效率產生影響的各種因素，具體包括企業的董事會，企業管理人員的品行、操守、價值觀、素質與能力，管理人員的管理哲學與經營觀念，企業文化，企業各項規章制度，信息溝通體系等。

企業控制環境決定其他控制要素能否發揮作用，是內部控制其他控制要素發揮作用的基礎，直接影響到企業內部控制的貫徹和執行以及企業內部控制目標的實現，是企業內部控制的核心。任何新生事物的成長，都要有與之適應的土壤。在20世紀80年代初期，一家企業建立一個衛星系統幾乎是不可想像的。

在提出要建立自己的衛星系統時，山姆·沃爾頓是不太贊成的。他認為目前的信息系統已經可以使沃爾瑪在同業中處於領先地位，不必要再將如此多的資金投進去。然而公司的其他高層，包括幾位董事和技術總監，深知投資新技術對公司發展和控制成本、提高管理的重要性，他們勇於不斷地向山姆施壓，並以大量的數據證明了建立衛星系統的可行性以及將會給沃爾瑪帶來的巨大效益。在其他高管的不懈努力下，山姆終於讓步了，沃爾瑪立刻花費大約7億美元建成目前擁有的電腦和衛星系統。如今，集團專門從事信息系統工作的科技人員高達1200多人，每年投入信息的資金不下5億美元。可以說，如果沒有高層人員當初的卓識遠見，如果沒有他們對信息系統的強力支援，沃爾瑪不可能有今天的規模和地位。

2.保持應有的風險意識

環境控制和風險評估，是提高企業內部控制效率和效果的關鍵。沃爾瑪在不斷引進新技術的基礎上仍保持著非常謹慎的態度。

每次有那位主管想建立新系統，山姆總要求他們認真地對應用這個系統後可能帶來的風險進行評估，並且謹慎地推行系統的應用範圍，循序漸進，逐漸推廣。1981年，沃爾瑪開始試驗利用商品條碼和電子掃描器實現存貨自動控制。公司先定幾家商店，在收款台安裝讀取商品條碼的設備。兩年後，試驗範圍擴大到 25 家店。1984 年，試驗範圍擴大到 70 家店。1985 年，公司宣佈將在所有的商店安裝條碼識別系統，當年又擴大了 200 多家。到 80 年代末，沃爾瑪所有商店和配送中心都安裝了電子條碼掃描系統。一個系統從試驗到全面應用相隔差不多十年時間。其風險意識之強由此可見一斑！

3. 建立與信息系統相適應的控制活動

控制活動是確保管理層的指令得以實現的政策和程序，旨在幫助企業保證其針對「使企業目標不能達成的風險」採取必要行動。在建立了衛星系統後，沃爾瑪針對這個互動式的通訊系統重新設定了一系列的控制活動。

在沃爾瑪總部，高速電腦和各個發貨中心及各家分店的電腦聯接，商店付款臺上的鐳射掃描器會把每件貨物的條碼輸入電腦，再由電腦進行分類統計。當某一貨品庫存減少到一定數量時，電腦會發出信號，提醒商店及時向總部要求進貨。總部安排貨源後，送往離商店最近的一個發貨中心，再由發貨中心的電腦安排發送時間和路線。這樣，從商店發出訂單到接到貨物並把貨物提上貨架銷售，一整套工作完成只要 36 個小時。這保證了它在擁有巨大規模的同時仍保持高效。世界 3000 多家沃爾瑪分店的任一 POS(Point of Sale)機在掃描完一件商品時，數據都會立刻傳到該中心。這些控制活動加快了決策傳達和信息回饋的速度，提高了整個公司的工作效率，同時節省了總部與分支機構的溝通費用。

4. 監督

企業內部控制是一個過程，這個過程系通過納入管理過程的大量制度及活動實現的。要確保內部控制制度切實執行且執行的效果良好、內部控制能夠隨時適應新情況等，內部控制必須被監督。沃爾瑪的衛星系統可以監控到全集團的所有店鋪、配送中心和經營的所有商品，每天發生的一切與經營有關的購銷調存等信息。

沃爾瑪有一個統一的產品代碼叫 UPC 代碼(Universal Product Code)，可以對它掃描、閱讀。經理們選擇一件商品，掃描一下該商品的 UPC 代碼，不僅可以知道商場目前有多少這種商品，訂貨量是多少，而且知道有多少這種產品正在運輸到商店的途中，會在什麼時候運到。這些數據都通過主幹網和通信衛星傳遞到數據中心。管理人員不但能即時地對銷售情況、物流情況等進行監控，還可知道當天回收多少張失竊的信用卡、信息卡認可體系是否正常工作，並監督那天做成的交易數目。沃爾瑪的數據中心也與供應商建立了聯繫，實現了快速反應的供應鏈管理。廠商通過運營系統可以進入沃爾瑪的電腦分銷系統和數據中心，直接從 POS 得到其供應的商品流通動態信息，如不同店鋪及不同商品的銷售統計數據、沃爾瑪各倉庫和調配狀態、銷售預測、電子郵件與付款通知等等，以此作為安排生產、供貨和送貨的依據。通過這個信息系統，管理人員掌握到第一手資料，並對日常運營與企業戰略做出分析和決策。

5. 信息與溝通

一個良好的信息與溝通系統有助於提高內部控制的效率和效果。企業需按某種形式在某個時間之內，辨別、取得適當的信息，並加以溝通，使員工順利履行其職責。沃爾瑪的信息不僅供內部份店使用，而且與供應商共用。

衛星系統每天可將銷售點的資料，快速、直接地傳遞給4000多家供應商。以便供應商及時備用，適應市場需求。對於沃爾瑪來說，他們的物流鏈已經遠遠超出了本公司的範圍，沃爾瑪的供應商，也被包括進來。20世紀80年代末，通過電腦聯網和電子數據交換系統與供應商分離信息，從而建立起夥伴關係。比如說，皇后公司和沃爾瑪的合作。兩公司的電腦進行聯網，讓供應商隨時瞭解其商品在沃爾瑪各分店的銷售和庫存變動情況，據此調整公司的生產和發貨提高效率，降低成本。

七、財務管理的理想目標

財務管理是有效推行財務活動所做的管理。而此種管理，究竟應達到何種程度，獲得何種效果，才算是達成理想目標？實不易獲得適合所有企業性格及形態的答案。因為財務活動，隨著企業形態、規模與性格的不同而有區別，而財務管理也是如此。因此，唯有以共通性的原則加以回答。可以適應於一般企業而應行遵守之共通原則，大約如下：

1.關於資本利用的相對節省原則或經濟原則：即關於籌集而來的資本，必須最有效的被利用於實現目的。

2.資本之維持及保全原則：即關於由外部籌集而來的資本及其實體財產，須被永久維持並保全。

3.財務流動性原則：須預防負債的過大及固定資產的過剩，以免資本結構的流動性被侵害。

4.長期利潤極大化原則：必須以資本收益率的長期升高為目標，以實現企業長期利潤的極大化。

管理的目的，就是要以各種方法，消除存在的困難及防犯可能發生的問題，引導走上合理有效的途徑，以達成預期的目標。因此，在財務管理的過程裏，若能消除及防犯其基本問題，可謂達成理想目標，此亦是財務管理檢核所欲追求的方向。

(一)關於財務部門所擔任事務的執行方法及其活動

關於財務部門所擔任事務的執行方法及其活動，所追求的理想目標，可從財務部門的組織與事務處理加以探討。財務部門的組織，應視業務的大小與需要，權衡適當，加以採用。應符合下列各項重要原則：

⑴權責相稱：組織就是「分配職務」與「確定責任」的人事安排。權大於責會使工作程序混淆，責大於權，難期工作效能增進。而內部工作性質，不外乎領導與監督性的工作，業務性的工作，事務性的工作，設計性的工作四者。因此，在進行權責之劃分，應考量縱的與橫的劃分妥為規劃。

⑵分層負責：權責須適當分配於實際工作人員，俾獲就事就地取決，以減少上層覆核或在上層設置重疊人員的需要。

⑶屬員人數多寡適量：屬員人數應不超過有效配合及可指揮的人數。因個人能力有限，如所負責管理的範圍太廣，必致工作失調成果降低。所謂多寡適量，應視工作是否經常、相類似及可劃分到如何相當程度以定取捨。

⑷避免工作重覆但需完密妥善：工作應明白分配，同一或同性質的工作，不可由兩人或兩個單位同時負責處理。

(二)關於會計制度與內部控制

廣義的會計制度是包括內部控制制度。但一般習慣上所說的會計制度指的是狹義的。因此，此地亦加以分開研究。

狹義的會計制度是指會計的體系、賬簿的組織、會計的處理、決算手續、成本計算及會計資料的運用而言，不包括內部控制制度在內。因此，需求會計制度達於理想目標，就是要針對上述所包括的幾項因素都達於理想。

(1)會計的體系：應視企業的性格加以適當的決定。

(2)賬簿的組織：應求簡單，但須全能盡取，完密妥善。

(3)會計的處理：應前後一致，力求穩健，並求迅速簡明。

(4)決算手續：應求迅速正確，充分表明經營成果及財務狀況。

(5)成本計算：應視企業形態決定成本計算制度。而其計算，首重正確，真實表示成本的真貌。

(6)會計資料的運用：會計資料不只要表示財務活動的結果，更應提供有效的管理資料，以爲高級管理當局經營管理與決策的參考。

至於，內部控制實務因各機構而異，但主要的原則可歸納如下：

(1)確定責任，責任如不歸屬，則控制效用必弱。

(2)會計與業務程序必須分立，一個管理賬務的職員，不能同時管理發生此項賬務的業務。例如：管理總賬者不兼管現金或現銷紀錄。

(3)應用各種可以證明正確的方法，以保證業務與會計的健全。

⑷一樁業務的整個交易過程決不可由一個人所控制，任何人有意無意之間均會發生錯誤，但是如果由數個人經手，縱有錯誤則發現的可能性也較大。

⑸用人必須慎選與訓練，經過嚴格訓練的員工才可能有良好的工作，健全的人材並足減低成本。

⑹職員的工作應盡可能採用輪調辦法，規定給予的假期應強迫其休息。

⑺每種職位有關業務的指示儘量用書面，以避免誤會，促進效率。

⑻盡可能採用統馭帳戶，非但可軋對餘額，且可使分工明確。

⑼有關現金的支付，應獲得適當主管的核准。

⑽盡可能利用機器合計，但是錯誤與僞造仍須密切注意。

(三)關於財務計劃

財務計劃是藉以完成企業的短期、長期計劃所需資金而表現的計劃。因此，其內容包括有最合意且最經濟的方法去籌集資金與統制資金的支出，以及關於評計資金支出所獲結果的決定。

財務計劃，應依據財務方針，具體表示行動的方向及時間性。因此，須分別設定長期財務計劃及短期財務計劃。根據財務計劃設立的步驟，則財務計劃的理想目標可綜合如下：

⑴要配合企業目標與方針。

⑵要富有彈性，必要時得予修改。

⑶要以預算形式個體表示。

⑷要有統制經營活動的效力。

(四)關於資本的籌措

構成財務活動所需的資本來源隨著企業性質及其經營的狀況而有不同。通常的方式有：

⑴以普通股招募。

⑵以優先股及其他特殊股籌集。

⑶未分配盈餘的蓄積。

⑷以公司債籌集。

⑸長期借款。

⑹以流動債務籌集。

而究竟以何種方式較爲理想？則應視公司經營上的條件，及法律上的規定而予決定。

資本籌措的結果即成爲資本結構。此一結構的良否，不能單獨予以評判，應視其運用的對象與方法而定。因此，在評核資本籌措的良否，應就整個財務結構加以分析。一般說來，企業的最佳籌集方法，就是對於固定資本及固定性營運資本，要利用長期資本，而對於流動性營運資本則利用短期資本，並使長期、短期資本的籌措維持均衡。尤其流動資產不適於作籌措長期資本的擔保之用，有些場合則完全不可能。因此，資本的籌措，如能達到此一原則，即可謂理想。

(五)關於資本的運用

在企業經營過程裏，資本運用所涉及的方向有四，即：

⑴固定資產投資問題

固定資產投資，在製造業的經營活動裏，佔其資本運用的絕大部份。在此，所謂的固定資產投資是指採用新設備或擴張設備等的投資。其應長期觀測對於本廠製品的需要增加的可能性及發展新製品的必要程度後，由高級經營階層來決定。要增加新設備投資時，必須考慮的重要條件爲資本收益率與固定資本的彈性問題。

①資本收益率：由於新設備的採用，增加生產量，競爭激烈化，可能招致銷貨每一單位淨益的降低。爲此，要維持乃至提高資本收益能力，須著重資本週轉率的增大。支配資本週轉增大的因素，有銷貨額的增加與向固定資產所投資本的相對節省。但實際上能預測銷貨額將會增加，才實行新投資。因此，銷貨額能否增加，須依據需要預測，在經營計劃予以考慮。故在財務政策上必須著重固定資本的相對節省問題。換句話來說，須先考慮免陷於設備投資過剩。因此，迅速處分低效率設備以及不用資產，或對於某種設備，以租賃替代購置等，皆爲值得考慮的地方。

②固定資本的彈性：在決定設備投資時，應採取相對提高經營彈性的方法。爲此，一方面應儘量實施有規律且迅速的折舊，加速收回資本，以預防財務結構上流動性的減低。另一方面，應選擇缺乏穩定性的預備零件或配件最少者，以便能配合需要變動。

⑵存貨投資問題

存貨投資是關係到營運資本的財務問題。而其內容包括原料、物料、在製品及製成品存貨。決定存貨的營運資本需要額的重要因素是

①週轉速率。

②季節性變動。

③企業的成長率。

以上三個重要因素中①項的週轉速率，可透過各種管理技術，諸如採購所需時間的縮短，不良品的有效利用，長期庫存品的適當處理，最適存貨量以及經濟進貨量技術的採用，以加速其週轉速率，提高營運資本的運用效力。季節性變動對於營運資本的影響很大。因爲在銷售旺盛時期，需要多量營運資本，但在清淡時期恰恰相反，因此資金的調度，須預先有所計劃。在清淡期間，籌集營運資本，以應付旺盛時期的需要，雖富有安全性，但很不經濟。因此，在旺盛時期利用銀行資金較爲有利。存貨的營運資本需要須隨著企業的成長，規模的擴大而增加。然而，在整個企業經營活動的發展下，應該避免以營運資本用於固定資產的擴充，否則將會減低企業資金的流動性，使企業陷於週轉不靈而趨不利。

⑶信用銷售問題

信用銷售也是關係到營運資本的財務問題，而且與存貨投資有密切的關係。信用銷售的條件寬否，影響銷售的大小。然而，賒銷的範圍廣，條件寬則易發生倒賬，使公司蒙受損失。因此，理想的信用銷售應該是由於擴大信用銷售所獲得的收益增加要大於所需的利息、壞賬損失、信用調查費、收款費及其

他等費用。

再者，是信用銷售的結果，產生大量的應收賬款與應收票據，此凍結營運資本的運用。因此應收款項包括賬款與票據，其週轉速率與營運資本的運用有莫大的關係。週轉速率快，則營運資本的運用效率就高。故對於應收款項，應注意各戶金額的大小、結欠時間的長短、客戶信用的可靠情形等並隨時加以催收。

⑷**間接投資問題**

企業資本大部份是用於直接實現企業的基本目的，可是也因各種理由，資本之一部份時常被利用於各種附屬目的。例如爲增加企業的競爭能力，或爲加強企業在市場的地位，以支配其他有關企業爲目的，收購其他公司採取的股票，就有價證券投資形態。但也有短期的證券投資，利用遊閑資金收購流動性大的證券而獲得利息收入，在需要資金時，立即出售所購證券，其目的在於剩餘資金的利用。其他，如企業爲發現新生產方法，研究發展新製品，或調查市場，而投下一筆資金，此由長期觀點來說，是極爲重要的政策。這些資金的間接投資，應視各別情況，決定取捨，判斷其良否。不過，其共通的原則應以實現企業最終目的屬其理想目標。

第10章

企業查賬的常用技巧

一、會計差錯和會計舞弊的區別

(一)會計差錯

所謂會計差錯，是指在會計核算中存在的非故意過失。俗話說「人非聖賢，孰能無過」。財會人員由於種種原因可能在會計核算中發生各類失誤，這是不可避免的。這裏，會計差錯強調的是「非故意的差錯」，即行爲人不存在主觀上的故意，否則就成了會計舞弊。

根據現行的會計制度和會計準則的規定，會計差錯主要包括以下三個方面：原始記錄和會計數據的計算、抄寫差錯；對事實的疏忽和誤解；對會計政策的誤用。

有些會計差錯與財務人員的業務熟練程度有關，如果其業務水準和熟練程度較低，就會發生較多的差錯；也有些差錯與其熟練程度並無直接聯繫，因爲從人的生理角度看，財會人員在大量的業務面前，難免會由於疲勞或大意而發生一定比例和一定數量的差錯，即使實行電腦化以後，財務人員仍有可能發生會計差錯。

(二)會計舞弊

所謂會計舞弊是指故意的、有目的的、有預謀的、有針對性的財務造假和欺詐行爲。它與會計差錯有相同或相近的形式，但卻有本質上的不同。舞弊是見不得人的，是不敢公之於眾的，需要伴有一定形式的僞裝和掩飾，通過虛列事實或隱瞞真相等手段將水攪渾，較難被人發現。

根據現行的會計制度和會計準則以及相關的法律法規，會計舞弊主要有以下五類：僞造、變造記錄或憑證；侵佔資產；隱瞞或刪除交易或事項；記錄虛假的交易或事故；蓄意使用不當的會計政策。

(三)如何區分會計差錯與會計舞弊

表 10-1　會計差錯與會計舞弊比較

會計差錯	會計舞弊
(1)會計差錯屬無意識的過失行爲。 (2)會計差錯可能產生實質性後果，也可能只產生形式上的後果。 (3)會計差錯一般都是個人過失行爲，即使是群體過失，例如內部牽制機能得不到有效發揮，也不是出於主觀上的故意。	(1)會計舞弊屬於有意識的不正當行爲。 (2)會計舞弊一旦得逞，往往導致實質性的後果，企業也會因而遭受損失。 (3)內部牽制機能得不到有效發揮，也不是出於主觀上的故意；而會計舞弊一般可能是個人單獨舞弊，也可能是多人串通舞弊，後者更具隱蔽性和危害性。

會計差錯與會計舞弊有時在表現形式上極其相似，但從本質上講，它們是兩類不同性質的行爲，二者之間有著明顯的區別。

二、怎樣選擇查賬方法

時間是寶貴的，爲提高查賬效率，最好能在較短的時間內選擇最適合的查賬方法將問題查出來。然而查賬的方法很多，不同的查賬方法適用於不同的查賬目的和要求。查賬方法選用是否適當，對於查賬結果的正確性有著緊密的聯繫。每一種查賬方法都有其特定的適用範圍，如果方法選用不當，會影響查賬效果，所以，在選用查賬方法時，應該遵循下面的原則：

(一)緊緊圍繞審查對象及目標特點選擇查賬方法

具體情況有以下幾種：

表 10-2　查賬方法選擇列表

審查具體情況	採用的查賬方法
審查書面資料	採用審閱、核對、複算、分析、比較等審查方法。
審查有形實物	採用盤點、觀察、鑑定等審查方法。
被查單位管理制度健全有效	採用制度基礎審查、抽查或逆查等方法。
財經法規執行情況審查	爲保證審查結論正確、可靠，應用詳查法。
財務收支審查	用抽查法就可取得充分適當的證據。

各種查賬方法都有各自的特點與適用條件，不同的審查對象，其內容、要求也各不相同，選擇和運用查賬方法時應緊緊圍繞審查對象及目標的特點，及時、準確地取得相應的證據。

(二)查賬面要擴大到企業外部

查賬工作有時涉及很多部門，如果不與這些部門取得聯繫，很可能不能將事情查清楚。例如，有的問題涉及到銀行、往來單位、稅務等多個部門，有時既涉及到宏觀，又涉及到微觀。查賬人員就必須不辭辛勞地利用電話、函證等方式與這些部門聯繫，索取所需的資料。因此查賬工作要根據實際情況，擴大查賬面，不能一味地認爲查賬是企業內部的事情，將查賬的範圍局限在企業的內部。

(三)本著科學性的原則不偏聽、偏信

有的查賬人員在查賬時最愛用的是「詢問」法，這種方法雖然也是查賬的一種方法，但還是比較片面的。查賬要講求科學。科學的查賬方法要求查賬必須先進、合理、完整、系統。查賬技術方法先進，就可能提高工作效率，收到事半功倍的效果。遵循查賬方法的科學性原則是指：

⑴根據技術方法的自身規律性選擇查賬方法。

⑵在綜合運用多種查賬方法時要保持查賬方法之間的有機聯繫。查賬方法之間要能承上啓下、相互聯繫，並且方法與方法之間可以相互制約、相互促進。

⑶不斷補充和創造適合自己企業的查賬方法。

(四)各種查賬方法結合使用

查賬的方法很多，各有各的使用目的和適用性。但是，查賬方法並不是相互排斥的，它們之間存在著密切的聯繫，無論是查賬的一般方法與查賬的技術方法之間，還是其各自所包含的方法之間，都有某種內在聯繫。往往是各種方法中，你中有我，我中有你；或者使用某一種方法又必須依賴於另一種查賬方法。所以，在運用查賬的各種方法時，必須注意它們之間的密切聯繫，結合使用。

例如，在查賬的一般方法方面，逆查時可使用順查法，順查時可採用抽查法，也可採用詳查的方法，而逆查時也可採用抽象法，或採用詳查法。但從方法特點上看，逆查時更適合採用抽查方法，順查時更適合採用詳查方法。直接審查法和制度基礎審查法也是一樣，前者更適宜於順查、詳查，後者則更適宜於逆查、抽查。但當內部控制經過測試證明不能有效防止和發現錯弊時，也不排斥使用順查、詳查。

在查賬的技術方法使用方面，各種方法的使用也是密切相關的，例如，在盤點時，由於盤點日與信息報告日不同而必然要結合使用調節法；分析法必然要與比較法結合使用；審閱法往往與核對法和複演算法結合使用。

在查賬的一般方法與技術方法的聯繫方面，盤點法可以與抽查法結合使用，順查法與審閱法和核對法結合使用，而逆查法則可與分析法結合使用等等。

三、查賬的技術——審閱法和核對法

查賬技術和方法不同，它不是具體的方法，而是在查賬過程中可以採用的方式。例如，在選擇了「抽查法」之後，經營者可以考慮採用什麼方式查賬，是「審閱」還是「覆核」等等。只有將查賬的技術和查賬的方法有機結合，才可以使查賬人員的查賬既有效率，又可以及時發現問題。

(一)什麼是審閱法

所謂審閱法就是對會計資料進行仔細的閱讀和審查。如果不閱讀和審查會計資料就很難發現問題。所以，審閱法也是最基本的查賬技術。

1. 審閱的內容

查賬人員運用審閱法主要是檢查本公司的會計資料有無塗改、計算錯誤、用錯會計科目、財務收支不合理、不合法等情況。會計資料主要指：發票、單據、憑證、賬簿、報表。

2. 原始憑證的審閱要點

⑴真實性審查。審閱原始憑證合法部門的名稱、地址和圖章是否清晰等等。

⑵健全性審查。審閱原始憑證的報銷手續是否健全，管理人是否簽字。

⑶合法性審閱。原始憑證所記載的事項是否合法。

⑷正確性審閱。記錄的數量、價格、金額是否計算正確。

3.記賬憑證的審閱

主要是審閱記賬憑證的正確性，編制手續是否符合企業規章制度和有關規定。

4.賬簿的審閱

⑴對記賬規則進行審查。例如可以審閱各種賬簿的啓用、期初和期末餘額的結轉；承前頁、轉下頁等；會計賬簿登記的內容是否齊全、有關錯賬是否根據更正錯賬的方法予以更正。

⑵正確性審閱。審閱賬簿的摘要欄；審閱借貸登記是否反方向，是否記錯欄。如果經營者認爲這一部份專業性比較強，可以監督輔助查賬人員進行查賬。

⑶合法性檢查。各種支出的明細科目是否符合法規的規定；是否存在把不應列支的費用，利用弄虛作假、巧立名目的手段記入費用帳戶。

5.對會計報表的審閱

查賬人員在對會計報表審閱時也可以檢查報表的正確性、真實性；此外還要檢查會計報表是否符合會計制度要求的編制方式，審閱報表之間的勾稽關係是否正確。

6.其他會計資料的審閱

由於企業的經營還涉及其他會計資料，如合約、各種收發記錄、托運記錄、計劃資料、預算、統計資料等等，查賬人員在查賬時也要對這些資料進行審閱。審閱的重點是：

⑴資料反映的內容是否真實、合法、合理、合規。

⑵會計資料和計劃聯繫起來，檢查計劃的執行情況，分析沒有完成計劃的原因，會不會存在人爲因素。

⑶資料所反映的日期與會計資料上的日期是否一致。如果

不一致，則要分析是否存在人為因素。

(二)什麼是核對法

核對法是檢查會計信息的一致性、正確性的方法。它主要是將兩種以上的會計資料相互對照或者交叉對照，以檢查其內容的一致性，以及計算上是否正確。通過核對法可以驗證各種會計資料之間銜接是否正確、是否存在會計差錯和舞弊。核對法應用廣泛，而且簡單易學。查賬人員在查賬時可以經常運用這種方法。

1. 證證核對法的運用

證證核對是指會計憑證之間的核對。它是核對的最重要的環節，其工作量大，而且過程也較為複雜，但是很容易從證證核對中發現問題。

⑴核對相關原始憑證的有關數據是否相符。例如核對購貨發票與驗收單或者領料單與材料耗用匯總表是否相等。

⑵核對記賬憑證與匯總記賬憑證或者科目匯總表是否一致。

⑶核對記賬憑證與所附原始憑證的張數和金額是否相符。

⑷核對記賬憑證記錄的內容與原始憑證記載的內容是否一致。

2. 賬證核對法的運用

賬證核對即指會計賬簿與會計憑證之間的核對。在會計工作中，明細分類賬根據記賬憑證登記，總分類賬大多根據憑證匯總登記，彼此應當相符。因此，查賬人員可以利用這種對應關係進行查賬，通過會計憑證和會計賬簿的核對，可以發現有無多記、少記、重記、漏記、錯記等會計錯弊。

主要核對以下內容：

⑴核對記賬憑證是否已記入總分類賬和有關明細分類賬，記入的方向和金額是否一致。

⑵核對匯總記賬憑證或科目匯總表與登入總分類賬的金額是否相符，借貸方向是否一致。

3.賬賬核對法的運用

賬賬核對即指會計賬簿之間的核對。根據會計核算平行登記原則，總賬餘額與所屬明細賬餘額之和必須相等，餘額方向必須一致，所有資產總額與所有者權益和負債總額之和必須相等。

主要核對以下內容：

⑴對總分類賬餘額是否與所屬各明細分類賬餘額之和相符。

⑵對總分類賬各帳戶的借方餘額之和是否與貸方餘額之和相符。

⑶核對對應帳戶所登記的借貸方向是否相反，金額是否相符。

4.賬表核對法的運用

賬表核對法指會計賬簿與會計報表之間的核對。通過有關賬目記錄與報表有關項目的核對，查明是否嚴格按照賬簿記錄編制報表，有無虛構，篡改報表項目數字，混淆會計期間的情況，以查證會計報表的真實性。

賬表核對的重點是對賬、表所反映的金額進行核對，通過賬表核對，可以發現或查證出賬表不符或雖相符但卻不合理的會計錯弊。

賬表核對主要核對以下內容：

⑴核對會計報表中某些數字是否與有關總分類賬的期末餘額相符。

⑵核對會計報表中某些數字是否與有關明細分類賬的期末餘額相符。

⑶核對會計報表中某些數字是否與有關明細分類賬的發生額相符。進行賬表核對時，查賬人員必須熟識賬與表中的項目或內容發生直接或者間接的勾稽關係。例如：「現金」、「銀行存款」、「其他貨幣資金」帳戶餘額與資產負債表中的貨幣資金項目有直接的對應關係。如果不瞭解這些關係，查賬人員是無法從查賬中發現問題的。

5.帳單核對法的運用

帳單核對即指公司或者企業的有關賬目與外單位的單證之間的核對。這種核對方法不能簡單地將查賬限制在企業或者公司的內部進行，而要和企業的整個經營環境相聯繫，將企業與外單位的關係也應考慮在內。該方法主要核對以下內容：

⑴核對本公司的往來賬與客戶的對帳單之間的債權債務數額是否相符。

⑵核對本公司的銀行存款和銀行借款的數額與銀行對帳單的數額經過調節後是否相符。

⑶核對本公司與子公司或者分公司之間的撥款、繳款數額是否相符。

6.表表核對法的運用

表表核對即指會計報表之間的核對。它主要核對以下內容：

⑴核對本期報表與上期報表之間有關項目是否相符。如資產負債表的年初數是否根據批准後的上期期末數填列，二者數額是否相符。

⑵核對主要報表之間有關項目是否相符。如股東權益變動表中的期初未分配盈餘和期末未分配盈餘是否分別與期初資產負債表和期末表中的有關項目一致，流動資產和流動負債的增加額是否等於期初資產負債表和期末資產負債表有關欄目的差額。

⑶核對主表與附表的有關項目是否相符。如產品銷售利潤明細表中的銷售收入、銷售稅金及附加等項目的合計數，是否與利潤表中相應項目的本期發生數相符。

7. 核對法的綜合運用

核對法是查賬工作中最常用，最基本而又有效的方法。

在對帳戶進行檢查時，一般用來發現問題，尋找疑點，作爲對會計資料正確性的初審。

⑴首先查賬人員可以採用報表與報表的核對，報表與帳戶的核對的方法。

⑵如果發現不平衡的現象，再根據情況逐步擴大查找範圍。

⑶對賬目比較紊亂的企業，經營者更需注意運用這一方法，弄清楚企業會計核算資料是否正確，在此基礎上，再做進一步的檢查。

⑷在對帳戶的檢查中，核對是查證問題常用的手段，主要採用憑證與帳戶的核對，憑證之間的核對等方法。

四、查賬小技巧——疑點突破法和詢問調查法

查賬人員在查賬過程中可以運用一些小技巧，這些小技巧可以幫助查賬人員很快地發現問題，達到事半功倍的效果。

(一)疑點突破法簡介

會計錯弊具有不真實、不正確的特點，其一旦發生，總會留下一些線索和痕跡。查賬人員可以充分利用這一特點，在查賬過程中找到疑點，再由疑點入手，順藤摸瓜，將問題檢查出來。

1. 疑點突破法圖示

圖 10-1　疑點突破法圖示

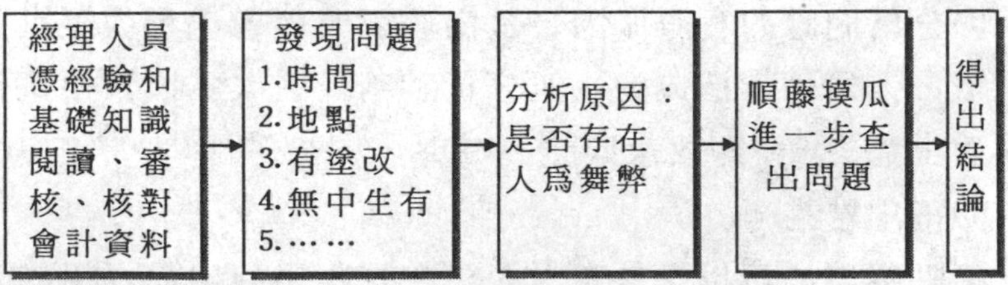

2. 如何發現疑點

在查賬過程中發現疑點並不是簡單的事情。如何在錯綜複雜的會計資料中發現疑點將是企業經營者需要仔細研究的問題。

⑴首先經營者必須掌握足夠的會計知識，並且有豐富的經營管理經驗。只有會計知識而沒有經營管理經驗，只能看出會計資料間簡單的聯繫，如果會計資料僞裝得足夠好，是無法查

出來是否存在舞弊行爲的。例如，採購員私自收取回扣，在會計憑證上是按照商品的原價入賬，如果光靠查賬，是無法發現問題的。但是只有經營管理經驗而沒有會計知識，則很容易被下屬人員欺騙，直接在賬目上做手腳。

⑵利用已經掌握的會計查賬方法對賬目進行檢查。查賬人員首先要利用這些查賬方法「順查法」、「逆查法」、「詳查法」、「抽查法」等查賬方法進行查賬。

⑶主要注意賬目中一些容易出現問題的地方，或者內部控制薄弱的地方。例如，檢查原始憑證時可以注意憑證的大小寫是否一致，憑證是否塗改等情況。

⑷一旦發現情況就要順藤摸瓜。擴大檢查的範圍，並且將檢查鎖定在這個問題上，再次綜合運用查賬的多種方法，查出問題之所在。

⑸分析問題的實際原因，是由於企業經營過程中不可避免的還是由人爲因素造成的，並分析和判斷在人爲因素中是否存在主觀上過失──即故意欺詐、舞弊。

⑹得出結論。

疑點突破法可以說是查賬人員在查賬過程中最好用的一個小竅門，可以節約管理者的很多時間。管理者可以將精力放在找疑點上。以後的憑證檢查可以交由輔助查賬人員進行，管理者只需在一旁監督即可。

(二)調查法簡介

調查法就是查賬人員可以通過觀察、查詢、函證等方式，對會計資料的真實性進行檢查的方法。這種方法有利於經營者及時查明問題，判明真相或發現新的查賬線索，尤其對於侵佔公司財物等舞弊欺詐事件的專案審查，具有重要的作用。而調查法在實際操作中，又包括多種「子方法」。

1. 觀察法

觀察法是指經營者可以在現場對企業的經營活動及其管理、內部控制制度的執行、倉庫保管等情況實地察看，以發現其中存在的問題和薄弱環節的方法。這種方法的重點在於：經營者可以在現場察看，而且不要引起員工的注意。這樣容易看到真實的情況。經營者在觀察過程中，可以向部份員工提問，但不要過多地發問。必要的提問有利於把問題調查清楚；過多的發問，可能引起對方的反感，給觀察、調查帶來困難。

2. 查詢法

查詢法是指經營者通過詢問的方式，取得必要的資料或證實某個問題的方法。在檢查工作中，經營管理者對發現的異常現象、可疑問題，都可以向有關知情人或經手人進行查詢，瞭解事實真相。查詢可以通過口頭查詢，也可以通過書面查詢。口頭查詢就是直接找有關人員談話，從談話中瞭解情況，解決問題。在進行口頭查詢中，應注意以下幾點：

⑴應事先擬好談話的計劃(書面提綱或腹稿)。查賬人員事先要對找什麼人談話，談什麼問題，怎樣進行交談等等，做到心中有數。

⑵注意談話的方式，態度一定要和藹可親，不要用審問式的口氣，更不要發脾氣，這樣才能收到較好的效果。

⑶需要向多人瞭解情況的，應分別單獨詢問，儘量避免採取座談會方式或同時向幾個人查詢。因爲這樣會使大家心中都

有顧慮，不容易查找到真相。

⑷在進行口頭詢問時，要作好記錄。口頭詢問結束後，要把記錄送給被詢問人簽字，或請被詢問人寫出資料，作爲查核證據。如果經營者認爲沒有必要，也可以不作記錄，但要做到心中有數。

⑸如果有必要，經營者可以進行電話錄音，或者談話錄音。尤其在發生企業內部人員和外公司勾結的欺詐事件中，可以對外單位人員的談話進行錄音。

⑹嚴禁管理者逼供，或者作出傷害員工身心健康的行爲，更不能要脅、威逼、恐嚇。

⑺對員工或者外單位人員的談話記錄必須保密，以免今後傷了和氣。

書面查詢就是將需要查詢的問題，用書面提問的形式，請被詢問人答覆的查詢方式。凡是對重要事項的調查，最好用書面提問的方式。例如，對企業內部控制制度完善性和執行情況的調查。但要注意，這種書面提問的方式可靠性不強，因爲書面提問往往受問題性質和被詢問人自身情況的限制，有可能不按問題回答，不過，書面查詢可以爲進一步審查提供線索。

3.函證法

函證法是書面查詢的一種方法，有時，查賬人員爲了弄清某個問題，可以通過發函向其他公司或有關人員進行查對，並向對方取得證明資料，這種方法屬於函證法。實際工作中，查賬人員對往來賬款、外來憑證和購銷業務不能確認或有疑問時，都可以採用函證法。

這裏必須明確一點：詢證函一般都用掛號信件寄出，並將需要查詢、核實的內容列一張清單，通知對方核實後予以答覆。

管理者在使用否定式詢證函時，有時得不到回函。在規定期限內沒有收到回函，可能誤解爲已經取得令人滿意的證據，造成審查失誤。因此，對於帳戶餘額較大、長期結欠、存有疑問的賬項，宜採用肯定式詢證函。相反，除主要債權債務人外，對餘額較小、往來正常的款項，爲簡化手續可用否定式詢證函。

4. 鑑定法

鑑定法是指對書面資料、實物和有關活動等問題的分析、鑑別。由於這種鑑別超過一般查賬人員的能力，所以要邀請有關部門或專門的人員運用專業技術進行鑑別。

例如，企業有時爲了鑑別購進貨物的品質、性能，需要對貨物出具鑑定書，而有時要對書面資料真僞進行鑑定，還有時合理性和有效性進行鑑定等。這些鑑定需要借助一定的外力，光靠查賬人員的力量是無法完成的。例如，經營者對僞造憑證不易確認而當事人又不承認違法行爲時，可通過有關部門鑑定其筆跡，以確定其違法行爲。又如對質次價高的商品材料，當其品質情況和等級程度難以確定時，可請商檢部門，通過檢查化驗，確定商品品質，以確定商品、材料的實際價值。

鑑定法是查賬人員查賬的輔助方法，是在採用觀察法不能取證時必須使用的方法。

五、最有説服力的查賬方法——實地盤存法

盤存法一般被認爲是最費力氣的查賬方法，但是，對於存貨很多的企業，這種方法很容易發現問題。例如，企業的一部

份原材料已經過期或者變質，經營者讓某個員工負責將其處理掉，結果該員工將沒有變質的原材料運出廠，而過期的原材料還在倉庫裏。僅從帳面上看，的確有一批原材料被處理了，看不出什麼問題，但是只要經營者親自去看看庫房，會發現變質的原材料還在，這就發現了一個疑點，可以利用「疑點發現法」繼續進行調查。

(一)盤存法的定義

所謂盤存法，就是根據賬簿記錄對庫存現金和各項財產物資進行實物盤點，以確定企業資產是否完整的方法。

1.區分「盤存法」與「財產清查法」

盤存法與財產清查法不同，財產清查是會計工作的一部份，是會計核算中爲了提高會計記錄的正確性，力求賬實相符而進行的一種經常性的工作。而盤存法則是查賬的重要方法：

(1)將企業的實物與帳面資料進行比較，以此來確定各項財產物資和庫存現金是否發生短虧、毀損、挪用和貪污的現象；

(2)可以證實庫存的物資品種是否真實存在，作價是否正確，以確保會計資料的正確性和真實性；

(3)還可以確定各項財產物資和庫存現金有無超儲積壓和有效利用。

2.盤存法的使用要講究時機

企業利用盤存法的目的在於盤存現金與實物，因而盤存的時機選擇應恰當適宜。

(1)對實物盤點，最好選擇在庫存材料儲備量達到最低之時或者接近年底時；

⑵現金的盤存最好不要在發放薪資的時候。

⑶對現金和貴重物資的清查，對被盜物資倉庫和管理混亂的物資倉庫的清查，不能事先通知企業內的有關人員，需要採取突擊檢查的方式。

(二)盤存法的分類

盤存法一般可以分爲直接盤點和監督盤點兩種方法。

⑴直接盤點就是由企業親自盤點，這種方法一般適用於盤點數目小，而價值較大的物資。

⑵監督盤點，主要是指企業可以指定輔助查賬人員盤查，而自己在一旁監督，它一般用於盤點數目較大，價格低，容易損壞的物品。

根據盤點的範圍大小，可以分爲全面盤點法和抽樣盤點法：

⑴全面盤點法是對列入檢查範圍的所有財產物資進行全面、徹底的盤點，一般指企業遇到重大問題時，才可以運用這種方法，否則費時費力。

⑵抽樣盤點法是指在列入檢查範圍的各種物資中，抽取一部份價值較大，收發頻繁、或者是最容易流失的物資進行盤點。

(三)盤存法的運用程序

企業在運用盤存法時可以和其他的查賬方法相結合。例如，管理者可以將盤存法和核對法相互結合，檢查實際庫存的產品或者存貨及庫存現金與賬上的記錄數是否相等。

圖 10-2　盤存法程序圖

盤點準備工作：

(1)事先選定想要利用盤存法盤存的物件。
(2)擬定盤存的日期，最好是突擊檢查。
(3)審閱有關賬簿，發現可疑問題可以在盤存時著重檢查。
(4)核對賬表、賬賬、賬卡。
(5)準備盤點表和計量的工具。

→

盤點實物階段：

(1)具體瞭解貨幣、證券、物資的存放地點和存放規則。
(2)對品種規格相似的物資要區分開。
(3)盤點時主要針對有疑點的物資進行盤點，必要時可以進行徹底的盤存。
(4)對於當時填寫的盤存單，要由參加盤存的所有工作人員一同簽字。
(5)企業對盤存中發現的要經過研究後處理，不要在現場匆忙作出決定。

↓

賬實核對階段：

(1)如果盤存和查證日不在一個時間點上，還需要將盤存結果進行調整。公式如下：
盤點日實際數＋盤點日到查賬日減少數－盤點日到查賬日增加數＝查賬日實際數
(2)在調整完後就可以計算存貨或者現金是否發生盤盈或者盤專職現象。計算公式為：
查賬日帳面數－查賬日實際數＝盤虧(正)或者盤盈數(負)。

←

總結階段：

做完了上面的工作後需要進行一個簡單的總結。必要時，管理者可以將盤存結果在公司大會上宣佈，並對主要責任人進行處罰，對內部控制制度的薄弱環節提出改進意見。

六、綜合性很強的查賬方法——邏輯分析法

邏輯推理分析法是根據已知的事實和資料，運用邏輯思維方法，推測和判斷單位可能存在的問題和結果的方法。

(一)如何運用邏輯推理

在實際查賬工作中，運用邏輯推理的事例很多，查賬人員可以從如下幾個方面發現分析問題。

1.根據數量、金額之間的邏輯關係進行推理

在會計資料中，有許多存在邏輯關係的數量、金額等。

⑴原始憑證中，數量乘以單價等於金額。

⑵總賬中的有關數量和金額等於其所屬各明細賬中相關數量和金額的合計。

⑶會計報表與賬簿及會計報表之間有關的數字存在一定的對應勾稽關係。

查賬人員可以根據會計資料中所載明的有關內容查證會計資料有無違反這種邏輯關係，並結合其他方法進一步查證有無會計錯誤或舞弊。

2.根據事物之間的主從關係進行推理

相關聯的若干事物之間，存在著一定的主從關係。例如，採購費用是因採購材料物資等業務而發生，在一般情況下，沒有材料採購活動，就不可能有採購費用的發生；採購活動是「主」，採購費用是「從」。如果在會計資料中只有採購費用支付記錄，而在時間上明顯矛盾，便是在邏輯上違反了主從之間的必然聯繫，很難讓人理解。

查賬人員可以根據會計資料中所記載的有關內容審查其有無違背上述主從關係的邏輯錯誤，並進一步分析矛盾，查清錯弊。

3.根據有關的時間、地點與業務的邏輯關係進行推理

業務的發生，在時間上和地點上都有一定的規律。一項業務發生後，在時間或地點上與業務內容便形成一定的邏輯關係。例如：產品的銷售時間肯定發生在產品的生產時間之後；材料的領用時間肯定發生在該種材料入庫之後；差旅費的發生期間肯定是員工出差的期間。

(二)邏輯推理和其他查賬方法綜合運用

在查賬中，查賬人員僅僅憑藉邏輯推理只能大體對問題進行判斷，但不能完全依靠邏輯推理來下結論。因此查賬人員必須將邏輯推理和其他查賬方法相結合。

查賬人員單純利用邏輯推理來查賬，最容易犯的錯誤是「過於依靠自己的主觀判斷」。查賬畢竟是一個科學的過程，我們雖然在查賬中強調，在遇到問題時先要簡要地分析一下，目的是爲了抓住重點，不在查賬中走彎路。如果發現有會計舞弊和會計欺詐的現象，就需要運用科學的查賬方法(順查法、抽查法、詳查法等方法)對會計資料進行檢查。

心得欄

第11章

企業的財務診斷

縱觀財務發展歷程，人們會驚奇的發現在企業各項管理活動中，沒有一項能像財務管理那樣，隨著經濟的發展、企業制度的變遷和企業組織的複雜化，其自身的職能、地位和重要性也不斷地被強化和提高。財務管理由最初的資金核實、分配和結算的最基礎職能逐步上升爲企業運營和管理的核心。財務決策與行銷決策、生產決策一起構成了決定企業前途命運的三大支柱性決策。隨著經濟全球化和一體化的到來，各國經濟朝著國際化、集團化、規模化方向迅猛發展，市場激烈競爭迫使企業努力降低成本和創造利潤。借著信息技術、網路技術的強力支持，以企業優良運作爲目標，並滲透到企業經營各個環節的財務及其管理。

從全球眾多跨國公司的內部管理變化不難看出，加強企業管理，就是加強財務管理；加強了財務管理，也就是加強了企業管理！人們已經意識到：要想企業健康生存發展，就必須通過財務對企業的資金籌措、運營、調度、分配等進行全流程的管理，以高屋建瓴地駕馭企業的經營動作；若想在競爭中搶佔先機，就必須善於利用財務數據進行成本核算、財務控制和盈利分析，並制定完善的運營方案。可見深入開展財務系統的分析診斷，分析財務弊病的表現及產生根源，找出原因採取有效措施，給予有效地治理，是企業健康發展的基礎和關鍵。

一、財務診斷內容

企業財務弊病的產生與企業銷售、生產、購進、貯存中是否發生弊病密切相關。因爲財務管理的對像是資金，資金是企業財產、物資和應收債權等的價值表現。企業銷、產、供、貯中的各種弊病的發生，必然影響企業的資金運動，這必然引起財務弊病產生。同樣財務所管理的資金一旦發生弊病，也必然影響銷、產、供的正常運行。除此之外，財務弊病產生還與資金籌措、資金投放，收入與支出，成本與費用，權益與分配，以及資本積累等方面也有密切聯繫。所以，財務診斷檢查應著重以下內容：

1.企業各種類型資產的實有狀況及其運用情況；

2.各種負債的實有狀況及其需要償還狀況；

3.企業實收資本、資本公積、盈餘公積和未分配利潤的實際數及其構成；

4.企業盈利或虧損的形成，利潤的分配情況；

5.企業的收入和成本、費用的支出情況，它們之間構成情況；

6.財務預算、標準成本、財務控制的制定與完成情況；

7.投資計劃的制定與實施情況；

8.重大財務決策及實施的情況；

9.會計賬簿和會計帳戶設置、會計制度與會計政策的運用、會計報告編制與會計憑證保管情況；

10.各種資產的報廢損失情況等。

二、財務診斷需要的資料

財務診斷需要的資料，主要有：

1.本期和近兩年的財務會計報告及其附註，包括附表及審計報告，以及各種資產、負債、成本、費用明細表；

2.本期和近兩年的會計賬簿和會計憑證，現金日記賬和銀行存款日記賬，銀行對帳本，調節表、備查登記簿等；

3.本期和近兩年的財務預算、財務分析、成本費用分析以及預算執行控制情況；

4.與財務有關各種合約及其執行情況；

5.財務制度、會計制度及各種與財務有關的制度及規定；

6.企業內部財務控制制度。

三、企業財務報表分析要點

財務分析是指企業以價值形式運用會計報表及其他核算資料，採用一系列的分析方法，對一定期間的財務活動的過程和結果進行研究和評價，藉以認識財務活動規律，促進企業提高效益的財務管理活動。財務分析具有以下作用。

- 可以判斷企業的償債能力、營運能力、盈利能力、財務狀況和財務實力
- 可以評價和考核企業的經營業績，揭示財務活動中存在的問題
- 可以挖掘企業潛力，尋求提高經營管理水準和效益的途徑
- 可以評價企業的發展趨勢

儘管企業生產經營的行業不同，經營規模和經營特點各異，然而，作爲運用價值形式進行的財務分析，歸納起來其內容不外乎償債能力分析、營運能力分析、獲利能力分析和綜合財務分析等四個方面。

⑴償債能力分析

償債能力分析是指對企業償還到期債務能力所進行的分析。通過償債能力分析，可以瞭解企業是否有足夠的物質基礎，以保證有足夠的現金流入量來償付各項到期的債務。

⑵營運能力分析

營運能力分析是指對企業的資產及所有者權益的運用能力所進行的分析，通過營運能力分析，可以瞭解企業是否合理地配置了資產，各種資產的週轉運行是否順暢，所有者權益是否充分地得以運用。

⑶獲利能力分析

獲利能力分析是指對企業獲取利潤的能力所進行的分析。通過獲利能力分析，可以瞭解企業獲利能力的強弱，並爲預測企業未來的獲利能力提供依據。

⑷綜合財務分析

綜合財務分析是指將償債能力、營運能力和獲利能力等各方面的財務指標綜合起來，全面地對企業的財務狀況進行分析的方法。通過綜合財務分析，可以全面地瞭解企業的財務狀況，掌握其發展趨勢。並將企業的各項指標通過與行業的平均水準和先進水準相比較，以利於從中找出差距，提高企業的財務管理水準，並爲企業財務預測和財務決策提供依據。

四、財務分析的方法

開展財務分析，需要運用一定的方法。財務分析的方法主要包括趨勢分析法、比率分析法、因素分析法和差額分析法。

⑴趨勢分析法

趨勢分析法又稱水平分析法，是通過對比兩期或連續數期財務報告上的相同指標，確定其增減變動的方向、數額和幅度，來說明企業財務狀況和經營成果的變動趨勢的一種方法。採用這種方法，可以分析引起變化的主要原因、變動的性質，並預測企業未來的發展前景。

趨勢分析法的具體運用主要有以下三種方式：

①重要財務指標的比較。

重要財務指標的比較，是將不同時期財務報告中的相同指標或比率進行比較，直接觀察其增減變動情況及變動幅度，考察其發展趨勢，預測其發展前景。

對不同時期財務指標的比較，可以有兩種方法：

• 定基動態比率。

它是以某一時期的數值爲固定的基期數值而計算出來的動態比率。其計算公式爲：

定基動態比率＝分析期數值÷固定基期數值

・環比動態比率。

它是以每一分析期的前期數值爲基期數值而計算出來的動態比率。其計算公式爲：

環比動態比率＝分析期數值÷前期數值

②會計報表的比較。

會計報表的比較是將連續數期的會計報表的金額並列起來，比較其相同指標的增減變動金額和幅度，據以判斷企業財務狀況和經營成果發展變化的一種方法。會計報表的比較，具體包括資產負債表比較、利潤表比較、現金流量表比較等。比較時，既要計算出表中有關項目增減變動的絕對額，又要計算出其增減變動的百分比。

③會計報表項目構成的比較。

這是在會計報表比較的基礎上發展而來的。它是以會計報表中的某個總體指標作爲 100%，再計算出其各組成項目佔該總體指標的百分比，從而來比較各個項目百分比的增減變動，以此來判斷有關財務活動的變化趨勢。這種方法更能準確地分析企業財務活動的發展趨勢。它既可用於同一企業不同時期財務狀況的縱向比較，又可用於不同企業之間的橫向比較。同時，這種方法能消除不同時期、不同企業之間業務規模差異的影響，有利於分析企業的耗費水準和盈利水準。

在採用趨勢分析法時，必須注意以下問題：

・進行對比的各個時期的指標，在計算口徑上必須一致。

・剔除偶發性項目的影響，使通過分析得出的數據能反映正常的經營狀況。

・應用例外原則，對某項有顯著變動的指標作重點分析，研究其產生的原因，以便採取對策，趨利避害。

⑵**比率分析法**

比率分析法是把某些彼此存在關聯的項目加以對比，計算出比率，據以確定經濟活動變動程度的分析方法。比率是相對數，採用這種方法，能夠把某些條件下的不可比指標變爲可以比較的指標，以利於進行分析。

比率指標主要有以下三類：

①構成比率

構成比率又稱結構比率，它是某項經濟指標的各個組成部份與總體的比率，反映部份與總體的關係。其計算公式爲：構成比率＝某個組成部份數值/總體數值。利用構成比率，可以考察總體中某個部份的構成和安排是否合理，以便協調各項財務活動。

②效率比率

它是某項經濟活動中所費與所得的比率，反映投入與產出的關係。利用效率比率指標，可以進行得失比較，考察經營成果，評價經濟效益。如將利潤項目與銷售成本、銷售收入、資本等項目加以對比，可計算出成本利潤率、銷售利潤率以及資本利潤率等利潤率指標，可以從不同角度觀察比較企業獲利能力的高低及其增減變化情況。

③相關比率

它是以某個項目和與其有關但又不同的項目加以對比所得

到的比率，反映有關經濟活動的相互關係。利用相關比率指標，可以考察有聯繫的相關業務安排得是否合理，以保障企業運營活動能夠順暢進行。如將流動資產與流動負債加以對比，計算出流動比率，據以判斷企業的短期償債能力。

比率分析法的優點是計算簡便，計算結果容易判斷，而且可以使某些指標在不同規模的企業之間進行比較，甚至也能在一定程度上超越行業間的差別進行比較。採用這一方法應該注意以下幾點：

①對比項目的相關性

計算比率的子項和母項必須具有相關性，把不相關的項目進行對比是沒有意義的。在構成比率的指標中，部份指標必須是總體指標這個大系統中的一個小系統；在效率比率指標中，投入與產出必須有因果關係；在相關比率指標中，兩個對比指標也要有內在聯繫，才能評價有關經濟活動之間是否協調均衡，安排是否合理。

②對比口徑的一致性

計算比率的子項和母項必須在計算時間、範圍等方面保持口徑一致。

③衡量標準的科學性

運用比率分析，需要選用一定的標準與之對比，以便對企業的財務狀況作出評價。通常而言，科學合理的對比標準有：預定目標，如預算指標、設計指標、定額指標、理論指標等；歷史標準，如上期實際、上年同期實際、歷史先進水準以及有典型意義的時期的實際水準等；行業標準，如主管部門或行業協會頒佈的技術標準、國內外同類企業的先進水準、國內外同類企業的平均水準等；公認標準。

⑶**因素分析法**

因素分析法又稱因素替換法、連環替代法，它是用來確定幾個相互聯繫的因素對分析對象——綜合財務指標或經濟指標的影響程度的一種分析方法。採用這種方法的出發點在於，當有若干因素對分析對象發生影響作用時，依次確定每一個因素單獨變化所產生的影響。

⑷**差額分析法**

差額分析法是因素分析法的一種簡化形式，它是利用各個因素的實際數與基準數或目標值之間的差額，來計算各個因素對總括指標變動的影響程度。

五、財務診斷的重點與指標

(一)財務診斷重點

財務診斷的主要目的是查找危害企業生存與發展的主要弊病，以便為追蹤檢查和有效治理提供線索和依據。財務診斷的重點有以下幾方面：

⑴**在資產佔用方面**

重點檢查現金、銀行存款、應收款項、應收票據、存貨、固定資產、長期投資、遞延資產的實有情況，資產減值準備計提情況及可能的潛在損失，各種資產變動及其構成情況；

⑵**在負債方面**

重點檢查各種借款、應付債券、長期應付款的實有狀況和償還能力狀況，或有負債的風險狀況；

⑶在經營成果方面

企業盈利或虧損的形成及主要原因，利潤分配情況；

⑷在資產運行方面

各種資產的運行是否正常，使用上是否有效率及效益。

(二)財務診斷指標

診斷財務弊病主要從大處著手，即從反映企業財務狀況好壞以及影響企業生存與發展的幾個主要財務指標進行。這些主要財務指標有：

⑴利潤率

主要有資本金利潤率和銷售利潤率。資本金利潤率即投資收益率，銷售利潤率即經營利潤率，這兩個指標是從投資和經營兩個不同角度反映投資效益與經營效益的情況。前者爲投資者所用，後者爲經營者所用，這兩個指標，都是正指標。利潤率越高越好。反之，盈利水準越低，表明狀況不佳，如果出現虧損率，且虧損率越大表明淨資產流失越嚴重，如不及時採取措施，扭轉虧損局面，就必然危及企業生存。也無健康而言。

⑵資金週轉率

它可用資金週轉次數和天數兩種指標分析。資金週轉速度越快，週轉天數就越少，表明資金運用和經營狀況良好；反之，週轉速度越慢，週轉一次所用天數越多，表明資金運用和經營狀況兩個方面都有嚴重問題存在，資金週轉率還可分別用存貨週轉率、應收賬款週轉率、應收票據週轉率等，進行不同方面的分析，並與上期及近幾年的情況進行比較，分析診斷企業資金週轉及運用方面存在弊病。

⑶資產負債率

它是企業債務狀況及償債能力的總體指標。資產負債率越低，表明企業負債不多，償債能力強，財務狀況良好；資產負債率越高，表明企業舉債嚴重，償債能力差，財務狀況不好，如果資產負債率越過100%，表明企業已資不抵債，淨資產流失殆盡，企業已無法繼續生存下去。

資產負債率，還可以用流動資產負債率(流動比率)，速動資產負債率(速動比率)等指標進行分析檢查其流動負債的償債能力。

⑷資產結構

資產結構是指各類資產佔全部資產的比重。其中貨幣資金佔全部資產比重較大，則表明企業用於資金週轉的貨幣資金較多，財力較強；反之，表明能用於資金週轉的貨幣資金較少，企業資金週轉就會出現困難。

⑸資金成本率與投資收益率比較分析

投資收益率高於資金成本率越多，表明舉債經營效益越好；反之，投資收益率低於資金成本率或低於資金成本率很多，表明舉債經營效益不好，所借入資金不能創造效益而且還失去本金，這類企業難以繼續經營下去。

⑹票據貼現額

應收票據貼現要支付貼現利息。它會給企業帶來兩種不利影響。一是貼現額越多，支付貼現利息越多，減少盈利越多：二是貼現利息實質上是把應由客戶負擔的利息轉爲企業負擔。如票據到期一旦發生退票，銀行要向企業收回貼現款，使企業的貨幣資金減少，很容易陷入困境。所以，票據貼現越多，表明企業資金緊張，短缺資金現象嚴重，財務風險也越大。

(7)壞賬損失率

壞賬損失率是壞賬損失額佔應收賬款的比率，損失率越高，損失也越大。

(8)各項資產減值準備率

存貨、固定資產、在建工程、對外投資等減值準備佔該資產價值的比率稱為該項資產的減值準備率，減值準備比率越高，表明該項資產現實品質不好，它已不能按帳面價值對外出售，其實質說明該項資產已發生了貶值。企業的資產已發生了損失。

財務弊病的診斷，如能抓住上述指標進行分析就能很快瞭解企業財務狀況的好壞，以及企業的致命弊病。如能掌握，有效的分析診斷方法並熟練地應用，即能取得財務診斷的良好效果。

六、診斷財務弊病應用的標準值

診斷企業是否健康要通過一系列財務指標，各項財務指標應有一個健康標準值，才能將測算實際值與之對比。從而判斷企業是否健康。

診斷企業在財務方面是否健康的標準有兩種：一種是財政部統計評價司按年統計發佈的「企業效績評價標準值」。它是運用數理統計方法將全國企業、分行業、分大、中、小類型進行統計，然後計算出優秀值、良好值、平均值、較低值和較差值。這是一個同行業的社會標準。企業計算出有關指標後，與之相比即可瞭解本企業在全行業中處於何種水準，從而判斷企業有無弊病。

另一種是企業根據自己特點及以往具體情況而制定標準（或目標）。如某企業連續幾年發生虧損，而今年確定目標是扭虧爲盈，經過全體員工努力，年終實現了一定利潤。

企業財務指標的標準值，有資本金利潤率、銷售利潤率、資金週轉率、資產負債率、流動比率、速動比率、資產結構、標準成本率、標準費用率等。

企業標準值的確定，要根據企業的具體情況而定，不能千篇一律。在制定企業標準時，應考慮下列各種因素及要求。

⑴企業財力的大小，它取決於企業資本金多少。

⑵企業經營規模大小及行業性質，以及對資金需要。

⑶企業經營戰略目標、利潤目標及要求。

⑷資金市場利率和資金成本，企業生產成本和「三項費用」。

⑸各種投資風險和企業經營風險的大小。

⑹企業生產經營的獲利能力和獲利水準。

在對上述各種因素和要求進行分析研究後，並在量、本、利分析和風險分析的基礎上測算出有關財務指標的標準值，作爲診斷分析判斷的依據。現將幾個主要財務指標的企業標準值的確定方法介紹如下：

(一)資本金利潤率企業標準值的制定

資本金利潤率，即投資收益率，應在確定資金成本的基礎上進行測算確定。資本金利潤的企業標準值，通常應高於資金成本的 100%～150%的區間範圍內。因爲一項投資若舉債經營，除去支付資金成本外，還要充分估計各種投資風險和經營風險帶來的損失，以及可能發生的潛在費用及損失。資本金利潤率標準值在高於資金成本 100%～150%的區間範圍內，就有可能承受住各種風險和經營風險的損失和潛在費用，既能獲得一定的收益，又能避免發生嚴重虧損的局面，從而增強企業舉債經營的安全性。

(二)資金週轉率企業標準值的制定

資金週轉率一般都是用流動資金週轉次數或週轉一次所需天數來表示，企業標準值的確定，一般是根據企業經營規模的資金需要量、生產週期、生產批量和資本金利潤率的標準值要求，經過分析測算後確定的，如企業產品生產週期長、生產批量大，則佔用流動資金就多，資金週轉就慢；相反，需要資金量就少，資金週轉就快。因此，應在測算確定材料儲備期、產品生產週期、產品儲存期、貨款結算期和銷售額的基礎上，再確定流動資金週轉率，一般企業，流動資金正常週轉次數每年爲 12 次。即每月一次。當然它與企業所處行業有密切聯繫。

(三)資產負債率企業標準值的制定

資產負債率的標準值，通常是根據企業資金週轉情況和實際償債能力來測定的。一般其標準在 20%～30%區間範圍較爲適宜。如超過 30%，企業壓力就會增大，償債能力就會減弱。超過標準值越大，企業償債能力越差，財務風險越高。如果資產負債率高於 100%，企業就已經陷入資不抵債的困境。再者企業資產的帳面價值，並不等於資產的實際價值。如果用資產變現去償還債務，還要發生一部份損失。如存貨和固定資產其帳面價值包括一部份殘次、呆滯、不需用、技術落後不適用等在內，使實際價值大大低於帳面價值。還有企業的待攤費用、遞延資產、無形資產等作實體資產，不能作爲償還債務使用。應收賬款，有些也難以如數收回。所以，企業的資產負債率標準值不易定得偏高。一般不定在20%～30%之間較爲穩妥。

上述三種企業標準值的測定方法，不是固定不變的，各企業可根據自己的具體情況，來確定其水準。

七、診斷財務弊病的方法步驟

診斷財務弊病的方法主要有比較分析法、比率分析法、趨勢分析法、期齡分析法、結構分析法等等。診斷通常按下列步驟進行。

1.搜集。廣泛搜集與財務診斷有關的各種資料及規定，聽取調查有關人員意思；

2.核對。將收集到會計報表及其他有資料，與帳戶金額進行核對，檢查有無差錯；

3.調整。如發現差錯，或由於某些客觀原因或政策性規定所形成的影響額應給予調整；

4.計算。將經調整後的會計報表數值，分別計算得出各種比率、比較結構等指標。

5.比較，將計算得出各種比率及結構等指標與前期(或前三年的情況)及同行業、同規模類型企業標準值進行比較，檢查有無異常現象。

6.分析。對應收賬款、存貨和固定資產應進行期齡分析，觀察瞭解貨款被拖欠、存貨貯存期、新增固定資產的效益情況檢查分析有無異常現象。

7.整理。綜合分析診斷結果，予以整理，找出財務方面的主要弊病，並爲追蹤深入診斷提供線索和依據。

心得欄

163	只為成功找方法，不為失敗找藉口	360 元
166	網路商店創業手冊	360 元
167	網路商店管理手冊	360 元
168	生氣不如爭氣	360 元
169	不景氣時期，如何鞏固老客戶	360 元
170	模仿就能成功	350 元
171	行銷部流程規範化管理	360 元
172	生產部流程規範化管理	360 元
173	財務部流程規範化管理	360 元
174	行政部流程規範化管理	360 元
176	每天進步一點點	350 元
177	易經如何運用在經營管理	350 元
178	如何提高市場佔有率	360 元
180	業務員疑難雜症與對策	360 元
181	速度是贏利關鍵	360 元
182	如何改善企業組織績效	360 元
183	如何識別人才	360 元
184	找方法解決問題	360 元
185	不景氣時期，如何降低成本	360 元
186	營業管理疑難雜症與對策	360 元
187	廠商掌握零售賣場的竅門	360 元
188	推銷之神傳世技巧	360 元
189	企業經營案例解析	360 元
191	豐田汽車管理模式	360 元
192	企業執行力（技巧篇）	360 元
193	領導魅力	360 元
194	注重細節（增訂四版）	360 元
197	部門主管手冊（增訂四版）	360 元
198	銷售說服技巧	360 元
199	促銷工具疑難雜症與對策	360 元

200	如何推動目標管理（第三版）	390 元
201	網路行銷技巧	360 元
202	企業併購案例精華	360 元
204	客戶服務部工作流程	360 元
205	總經理如何經營公司（增訂二版）	360 元
206	如何鞏固客戶（增訂二版）	360 元
207	確保新產品開發成功（增訂三版）	360 元
208	經濟大崩潰	360 元
209	鋪貨管理技巧	360 元
210	商業計劃書撰寫實務	360 元
212	客戶抱怨處理手冊（增訂二版）	360 元
213	現金為王	360 元
214	售後服務處理手冊（增訂三版）	360 元
215	行銷計劃書的撰寫與執行	360 元
216	內部控制實務與案例	360 元
217	透視財務分析內幕	360 元
219	總經理如何管理公司	360 元
220	如何推動利潤中心制度	360 元
222	確保新產品銷售成功	360 元
223	品牌成功關鍵步驟	360 元
224	客戶服務部門績效量化指標	360 元
226	商業網站成功密碼	360 元
227	人力資源部流程規範化管理（增訂二版）	360 元
228	經營分析	360 元
229	產品經理手冊	360 元
230	診斷改善你的企業	360 元
231	經銷商管理手冊（增訂三版）	360 元
232	電子郵件成功技巧	360 元
233	喬·吉拉德銷售成功術	360 元

234	銷售通路管理實務〈增訂二版〉	360 元
235	求職面試一定成功	360 元
236	客戶管理操作實務〈增訂二版〉	360 元
237	總經理如何領導成功團隊	360 元
238	總經理如何熟悉財務控制	360 元
239	總經理如何靈活調動資金	將出版

《商店叢書》

4	餐飲業操作手冊	390 元
5	店員販賣技巧	360 元
8	如何開設網路商店	360 元
9	店長如何提升業績	360 元
10	賣場管理	360 元
11	連鎖業物流中心實務	360 元
12	餐飲業標準化手冊	360 元
13	服飾店經營技巧	360 元
14	如何架設連鎖總部	360 元
18	店員推銷技巧	360 元
19	小本開店術	360 元
20	365 天賣場節慶促銷	360 元
21	連鎖業特許手冊	360 元
23	店員操作手冊（增訂版）	360 元
25	如何撰寫連鎖業營運手冊	360 元
26	向肯德基學習連鎖經營	350 元
28	店長操作手冊（增訂三版）	360 元
29	店員工作規範	360 元
30	特許連鎖業經營技巧	360 元
32	連鎖店操作手冊（增訂三版）	360 元
33	開店創業手冊〈增訂二版〉	360 元
34	如何開創連鎖體系〈增訂二版〉	360 元
35	商店標準操作流程	360 元

《工廠叢書》

1	生產作業標準流程	380 元
5	品質管理標準流程	380 元
6	企業管理標準化教材	380 元
9	ISO 9000 管理實戰案例	380 元
10	生產管理制度化	360 元
11	ISO 認證必備手冊	380 元
12	生產設備管理	380 元
13	品管員操作手冊	380 元
15	工廠設備維護手冊	380 元
16	品管圈活動指南	380 元
17	品管圈推動實務	380 元
20	如何推動提案制度	380 元
24	六西格瑪管理手冊	380 元
29	如何控制不良品	380 元
30	生產績效診斷與評估	380 元
31	生產訂單管理步驟	380 元
32	如何藉助 IE 提升業績	380 元
34	如何推動 5S 管理（增訂三版）	380 元
35	目視管理案例大全	380 元
36	生產主管操作手冊(增訂三版)	380 元
37	採購管理實務（增訂二版）	380 元
38	目視管理操作技巧(增訂二版)	380 元
39	如何管理倉庫（增訂四版）	380 元
40	商品管理流程控制(增訂二版)	380 元
41	生產現場管理實戰	380 元
42	物料管理控制實務	380 元

43	工廠崗位績效考核實施細則	380 元
46	降低生產成本	380 元
47	物流配送績效管理	380 元
49	6S 管理必備手冊	380 元
50	品管部經理操作規範	380 元
51	透視流程改善技巧	380 元
55	企業標準化的創建與推動	380 元
56	精細化生產管理	380 元
57	品質管制手法〈增訂二版〉	380 元
58	如何改善生產績效〈增訂二版〉	380 元
59	部門績效考核的量化管理〈增訂三版〉	380 元

《醫學保健叢書》

1	9 週加強免疫能力	320 元
2	維生素如何保護身體	320 元
3	如何克服失眠	320 元
4	美麗肌膚有妙方	320 元
5	減肥瘦身一定成功	360 元
6	輕鬆懷孕手冊	360 元
7	育兒保健手冊	360 元
8	輕鬆坐月子	360 元
9	生男生女有技巧	360 元
10	如何排除體內毒素	360 元
11	排毒養生方法	360 元
12	淨化血液　強化血管	360 元
13	排除體內毒素	360 元
14	排除便秘困擾	360 元
15	維生素保健全書	360 元
16	腎臟病患者的治療與保健	360 元
17	肝病患者的治療與保健	360 元
18	糖尿病患者的治療與保健	360 元
19	高血壓患者的治療與保健	360 元
21	拒絕三高	360 元
22	給老爸老媽的保健全書	360 元
23	如何降低高血壓	360 元
24	如何治療糖尿病	360 元
25	如何降低膽固醇	360 元
26	人體器官使用說明書	360 元
27	這樣喝水最健康	360 元
28	輕鬆排毒方法	360 元
29	中醫養生手冊	360 元
30	孕婦手冊	360 元
31	育兒手冊	360 元
32	幾千年的中醫養生方法	360 元
33	免疫力提升全書	360 元
34	糖尿病治療全書	360 元
35	活到 120 歲的飲食方法	360 元
36	7 天克服便秘	360 元
37	爲長壽做準備	360 元

《幼兒培育叢書》

1	如何培育傑出子女	360 元
2	培育財富子女	360 元
3	如何激發孩子的學習潛能	360 元
4	鼓勵孩子	360 元
5	別溺愛孩子	360 元
6	孩子考第一名	360 元
7	父母要如何與孩子溝通	360 元

8	父母要如何培養孩子的好習慣	360 元
9	父母要如何激發孩子學習潛能	360 元
10	如何讓孩子變得堅強自信	360 元

《成功叢書》

1	猶太富翁經商智慧	360 元
2	致富鑽石法則	360 元
3	發現財富密碼	360 元

《企業傳記叢書》

1	零售巨人沃爾瑪	360 元
2	大型企業失敗啓示錄	360 元
3	企業併購始祖洛克菲勒	360 元
4	透視戴爾經營技巧	360 元
5	亞馬遜網路書店傳奇	360 元
6	動物智慧的企業競爭啓示	320 元
7	CEO 拯救企業	360 元
8	世界首富　宜家王國	360 元
9	航空巨人波音傳奇	360 元
10	傳媒併購大亨	360 元

《智慧叢書》

1	禪的智慧	360 元
2	生活禪	360 元
3	易經的智慧	360 元
4	禪的管理大智慧	360 元
5	改變命運的人生智慧	360 元
6	如何吸取中庸智慧	360 元
7	如何吸取老子智慧	360 元
8	如何吸取易經智慧	360 元
9	經濟大崩潰	360 元

《DIY 叢書》

1	居家節約竅門 DIY	360 元
2	愛護汽車 DIY	360 元
3	現代居家風水 DIY	360 元
4	居家收納整理 DIY	360 元
5	廚房竅門 DIY	360 元
6	家庭裝修 DIY	360 元
7	省油大作戰	360 元

《傳銷叢書》

4	傳銷致富	360 元
5	傳銷培訓課程	360 元
7	快速建立傳銷團隊	360 元
9	如何運作傳銷分享會	360 元
10	頂尖傳銷術	360 元
11	傳銷話術的奧妙	360 元
12	現在輪到你成功	350 元
13	鑽石傳銷商培訓手冊	350 元
14	傳銷皇帝的激勵技巧	360 元
15	傳銷皇帝的溝通技巧	360 元
16	傳銷成功技巧（增訂三版）	360 元
17	傳銷領袖	360 元

《財務管理叢書》

1	如何編制部門年度預算	360 元
2	財務查帳技巧	360 元
3	財務經理手冊	360 元
4	財務診斷技巧	360 元
5	內部控制實務	360 元
6	財務管理制度化	360 元
7	現金爲王	360 元
8	財務部流程規範化管理	360 元
9	如何推動利潤中心制度	360 元

《培訓叢書》

1	業務部門培訓遊戲	380 元
2	部門主管培訓遊戲	360 元
3	團隊合作培訓遊戲	360 元
4	領導人才培訓遊戲	360 元
8	提升領導力培訓遊戲	360 元
9	培訓部門經理操作手冊	360 元
11	培訓師的現場培訓技巧	360 元
12	培訓師的演講技巧	360 元
14	解決問題能力的培訓技巧	360 元
15	戶外培訓活動實施技巧	360 元
16	提升團隊精神的培訓遊戲	360 元
17	針對部門主管的培訓遊戲	360 元
18	培訓師手冊	360 元
19	企業培訓遊戲大全（增訂二版）	360 元

爲方便讀者選購，本公司將一部分上述圖書又加以專門分類如下：

《企業制度叢書》

1	行銷管理制度化	360 元
2	財務管理制度化	360 元
3	人事管理制度化	360 元
4	總務管理制度化	360 元
5	生產管理制度化	360 元
6	企劃管理制度化	360 元

《主管叢書》

1	部門主管手冊	360 元
2	總經理行動手冊	360 元
3	營業經理行動手冊	360 元
4	生產主管操作手冊	380 元
5	店長操作手冊（增訂版）	360 元
6	財務經理手冊	360 元
7	人事經理操作手冊	360 元

《總經理叢書》

1	總經理如何經營公司(增訂二版)	360 元
2	總經理如何管理公司	360 元
3	總經理如何領導成功團隊	360 元
4	總經理如何熟悉財務控制	360 元
5	總經理如何靈活調動資金	

《人事管理叢書》

1	人事管理制度化	360 元
2	人事經理操作手冊	360 元
3	員工招聘技巧	360 元
4	員工績效考核技巧	360 元
5	職位分析與工作設計	360 元
6	企業如何辭退員工	360 元
7	總務部門重點工作	360 元
8	如何識別人才	360 元
9	人力資源部流程規範化管理（增訂二版）	360 元

《理財叢書》

1	巴菲特股票投資忠告	360 元
2	受益一生的投資理財	360 元
3	終身理財計劃	360 元
4	如何投資黃金	360 元
5	巴菲特投資必贏技巧	360 元
6	投資基金賺錢方法	360 元
7	索羅斯的基金投資必贏忠告	360 元
8	巴菲特爲何投資比亞迪	360 元

《網路行銷叢書》

1	網路商店創業手冊	360 元
2	網路商店管理手冊	360 元
3	網路行銷技巧	360 元
4	商業網站成功密碼	360 元
5	電子郵件成功技巧	360 元
6	搜索引擎行銷密碼(即將出版)	

《經濟叢書》

1	經濟大崩潰	360 元
2	石油戰爭揭秘(即將出版)	

回饋讀者，免費贈送**《環球企業內幕報導》**電子報，請將你的e-mail、姓名，告訴我們 huang2838@yahoo.com.tw 即可。

經營顧問叢書 ㊳238　　售價：360 元

總經理如何熟悉財務控制

西元二〇一〇年六月　　初版一刷

編著：丁元恒

策劃：麥可國際出版有限公司（新加坡）

編輯：蕭玲

校對：焦俊華

發行人：黃憲仁

發行所：憲業企管顧問有限公司

電話：（02）2762-2241　（03）9310960　0930872873

臺北聯絡處：臺北郵政信箱第 36 之 1100 號

銀行 ATM 轉帳：合作金庫銀行　帳號：**5034-717-347447**

郵政劃撥：**18410591　憲業企管顧問有限公司**

登記證：行政業新聞局版台業字第 6380 號

ISBN：978-986-6421-59-4